减糖烘焙

彭依莎　主编

吉林科学技术出版社

图书在版编目（CIP）数据

减糖烘焙 / 彭依莎主编. -- 长春 ： 吉林科学技术
出版社，2018.10
　　ISBN 978-7-5578-4482-0

　　Ⅰ．①减⋯ Ⅱ．①彭⋯ Ⅲ．①烘焙－糕点加工 Ⅳ.
①TS213.2

中国版本图书馆CIP数据核字(2018)第124213号

减糖烘焙
JIAN TANG HONGBEI

- -

主　　编　彭依莎
出 版 人　李　梁
责任编辑　端金香　穆思蒙
封面设计　深圳市金版文化发展股份有限公司
制　　版　深圳市金版文化发展股份有限公司
开　　本　787 mm×1092 mm　1/16
字　　数　280千字
印　　张　14
印　　数　1-6000册
版　　次　2018年10月第1版
印　　次　2018年10月第1次印刷
出　　版　吉林科学技术出版社
发　　行　吉林科学技术出版社
地　　址　长春市人民大街4646号
邮　　编　130021
发行部电话/传真　0431-85635176 85651759 85635177
　　　　　　　　　　　85651628 85652585
储运部电话　0431-86059116
编辑部电话　0431-85677819
网　　址　www.jlstp.net
印　　刷　吉林省创美堂印刷有限公司
书　　号　ISBN 978-7-5578-4482-0
定　　价　58.00元

减糖烘焙，
健康零负担

　　提到烘焙，人们便会不由自主地想到那些易让人血糖升高的甜腻蛋糕与高热量的面包及饼干。人们对于烘焙的印象虽是建立在美味之上，却因为其高糖高油的属性而越来越想远离它。为了身体健康，人们已经开始注重自己的饮食，烘焙也离我们越来越远，然而我们的内心却渴望着有一种烘焙制品，能够在满足口腹之欲的同时，又不会给身体带来负担。

　　本书将带大家认识一种烘焙的健康制作方法——减糖烘焙。减糖烘焙的四大原则：尽可能用全麦粉取代精制面粉；减少细砂糖的分量或选用对血糖影响不太大的甜味剂；以植物油取代普通烘焙使用的奶油、酥油等油脂；添加豆浆、豆渣、豆乳、酸奶等健康食材。调整烘焙的原材料，这样既可满足口欲，又健康营养，也希望借由本书向更多人分享健康烘焙的理念。

　　本书精选96款美味健康的低糖低油甜点，制作时合理控制精制面粉和细砂糖的用量，教您烤出：松松软软、入口即化的不发胖蛋糕，如戚风蛋糕、慕斯蛋糕、杯子蛋糕；柔软绵密、香气扑鼻的低油面包，如基础面包、特色面包、吐司；酥酥脆脆、香甜可口的低糖饼干，如基础饼干、司康、脆饼、饼干棒、薄饼、饼干球；以及烘焙里精致又美味的特色茶点，如比萨、蛋挞、三明治、煎饼、松饼。本书甜品种类丰富、花样繁多，更有烘焙达人给你支招烘焙中的常见问题，爱好烘焙的读者朋友们可依据书中详细的做法描述、步骤图及教学视频，制作出适合自己的健康又美味的减糖甜点，好吃不胖，乐趣盎然。

CONTENTS
目录

摒弃高糖分食物，学做减糖烘焙

PART
2

松松软软，烤出入口即化的低卡蛋糕

PART
3

柔软绵密，
烤出香气扑鼻的低油面包

PART 4

酥酥脆脆，
烤出香甜可口的低糖饼干

PART 5

精致美味，
独具特色的健康烘焙

PART 1
摒弃高糖分食物，学做减糖烘焙

减糖饮食，不再只是糖尿病病人要遵循的饮食观念。本章为您阐述减糖饮食的重要性与必要性，让烘焙爱好者们使用减糖烘焙的四大原则，烤出美味健康的烘焙制品。

低糖饮食，拥有良好饮食习惯

糖类在营养学上又被叫作"碳水化合物"，是产生热量的营养素，能使人体保持温暖。糖类的食物来源，除了纯糖外，以植物性食品为最多，谷类、豆类、根茎类（如马铃薯、红薯、芋头、藕等）等是淀粉的主要来源；动物性食品中乳类是乳糖的主要来源。虽然糖类是我们每日膳食中必备的营养素之一，但过量摄入也会增加罹患肥胖症、心脑血管性疾病、糖尿病、高血压、痛风等病症的风险，因此我们要养成低糖饮食的好习惯。

➡ 吃自制的食品，少吃加工食品和零食，以免吃进许多看不见的糖分。

➡ 规律饮食，定时定量进餐，不可饥一餐饱一顿，尤其注意不可用节食的方法来消耗糖，因为你的身体在消耗能量，如果没有抵住食欲的诱惑，那么接下来很可能开启"大吃特吃"的模式，因此保证一天三顿正常摄入糖类是低糖饮食的必要保障。

➡ 多饮水，保持少量多次饮水，并注意尽量只喝白开水或矿泉水，不喝加味饮料或其他饮料，喝咖啡时不加糖或不喝速溶咖啡，以便尽可能地减少额外糖分的摄入。

➡ 在烹饪菜肴需要使用糖的时候，可采用果糖或黑糖替代白糖，其甜度比蔗糖高，可减少糖的用量。

➡ 吃新鲜的食物，慎食或少食"加工"复杂的食物或方便食物，因为加工食品或方便食品中糖的含量可能都很高。

➡ 慎食或少食饼干、糖果、奶油或膨化食品等小零食，可以自己做一些健康的小零食，这也是我们要为大家诠释的低糖烘焙理念。

➡ 选择食品时注意选购有标识糖分含量的食物，且在食用前详细阅读标签，看清配料表，并将摄入的糖量算入当天的主食中。

糖类是谷薯杂豆类的主要成分，一般成人每天平均摄入糖类应在250~400克，其中全谷物和杂豆类共50~150克，新鲜薯类50~100克，绵白糖、蔗糖、黑糖等的摄入总量每天不得超过25克。

低糖饮食
不只是糖尿病病人的饮食原则

01 越是精制的食物，越应该小心

　　精制淀粉食物吃下肚之后，血糖会快速地上升，为了让血糖能够恢复正常水平，身体会大量分泌胰岛素，胰岛素是为了让血糖恢复正常值，但也进一步将多余的葡萄糖储存成脂肪，日积月累，就形成了"肥胖"。伴随着内脏脂肪过高、血脂肪异常、身体处于发炎等状况的发生，高血压、高血脂及高血糖的"三高"文明病随之而来！

02 全麦食物又是什么

　　全麦食物其实是一个大家族的称呼，而非指单一的谷类，所谓的全麦食物必须含有三个部分——麸皮、胚芽、胚乳，缺一不可。

　　全麦食物主要包括糙米、全燕麦粒、全荞麦、全小米、紫米（紫糯米）、糙薏仁、全麦（全小麦）、全玉米。

03 全麦食物富含的营养物质

成分	功效
膳食纤维	肠道保健、调节血脂、控制血糖、控制体重
维生素 E	抗氧化、保护心血管、提升免疫力功能
维生素 B_1	协助营养素能量代谢、维护身体器官组织功能、参与肌肉协调和神经传导功能、调节体内水分代谢

04 选择低糖食物好处多

1. 低糖与口腔问题的联系

口腔疾病已经成为目前比较常见的疾病，仅次于心脑血管病、癌症，是应着重防治的第三大非传染性疾病。

2. 减少肥胖人群

过量的糖会自行转化为脂肪，影响正常的食欲，妨碍维生素、矿物质和其他营养成分的摄入，导致人体肥胖。如腰部的臃肿和松弛，主要就是摄取的热量过剩所导致的。

3. 避免因多吃糖而引发的乳腺癌

女性的乳房是一个能大量吸收胰岛素的器官，长期摄入高糖食品会使血内胰岛素含量经常处于高水平状态，而早期乳腺癌细胞的生长需要大量的胰岛素，被乳房大量吸收的胰岛素对乳腺癌细胞的生长、繁殖起着加速作用。

4. 避免因多吃糖而引发的加速老化

糖属于酸性食物，会促使细胞衰老，使人体对环境的适应能力变差，头发变黄变白。

5. 避免因多吃糖导致的缺钙

食糖过多还会消耗体内的钙，造成骨骼脱钙，导致骨质疏松。

了解 GI 值和 GL 值，为自己制订低糖饮食计划

01 什么是升糖指数

升糖指数（Glycemic Index，GI）全称为"血糖生成指数"，是指在标准定量下（一般为 50 克）某种食物中糖类引起血糖上升所产生的血糖时间曲线下面积和标准物质（一般为葡萄糖）所产生的血糖时间下面积之比值再乘以 100。它反映了某种食物与葡萄糖相比升高血糖的速度和能力，即反映食物引起人体血糖升高程度的指标，是人体进食后机体血糖生成的应答状况。

GI 值高的食物由于进入肠道后消化快、吸收好，葡萄糖能够迅速进入血液，所以易导致高血压、高血糖的产生；而 GI 值低的食物由于进入肠道后停留的时间长，释放缓慢，葡萄糖进入血液后峰值较低，引起餐后血糖反应较小，需要的胰岛素也相应减少，所以避免了血糖的剧烈波动，既可以防止高血糖，也可以防止低血糖，能有效地控制血糖。

此外，由于胰岛素还能促进糖原、脂肪和蛋白质的合成，所以食用 GI 值低的食物，还能帮助身体燃烧脂肪，减少脂肪的堆积，起到瘦身的作用。而 GI 值高的食物则恰恰相反。

02 影响 GI 值的因素

糖类类型和结构：单糖比多糖具有更高的升糖指数（GI）；膳食纤维含量：含量多，可减缓消化吸收，降低食物的 GI 值；淀粉的物理状态：谷类颗粒碾度越细，GI 值越高；淀粉的糊化程度：糊化程度越高，GI 值越高；脂肪与蛋白质含量：含量的增加可降低胃排空率，GI 值也随之降低。

咸脆饼干能让血糖快速升高，它的升糖指数就高；生胡萝卜让血糖缓慢上升，它的升糖指数很低。低升糖指数食物，糖类分解成葡萄糖分子的速度慢，对大脑的能量供应比较稳定。高纤维糖类升糖指数相对较低，例如富含膳食纤维的黑色全麦面包升糖指数低，血糖升高不会太剧烈。我们可以在面包中加一些肉或鸡蛋，再加一点儿橄榄油，有滋有味，同时也能给大脑供应充足的养料。

低升糖指数食物

五谷类	藜麦、全麦（全谷）面、荞麦面、黑米、黑米粥、粟米、通心粉
蔬菜	魔芋、大白菜、黄瓜、苦瓜、芹菜、茄子、青椒、菠菜、番茄、豆芽、芦笋、花椰菜、洋葱、生菜
豆及豆制品类	黄豆、眉豆、鸡心豆、豆腐、豆角、绿豆、扁豆、四季豆
水果	西梅、苹果、水梨、桃子、提子、沙田柚、雪梨、车厘子、柚子、草莓、樱桃、金橘、葡萄
饮料类	牛奶、低脂奶、脱脂奶、低脂乳酪、红茶、酸奶、无糖豆浆
糖及糖醇类	果糖、乳糖、木糖醇、艾素麦、麦芽糖醇、山梨醇

中升糖指数食物

五谷类	红米饭、糙米饭、西米、麦粉面条、麦包（麦粉黑糖）、麦片、燕麦片
蔬菜	番薯、芋头、莲藕、牛蒡
肉类	鱼肉、鸡肉、鸭肉、猪肉、羊肉、牛肉、虾、蟹
豆制品及奶制品类	焗豆、冬粉、奶油、炼乳、鲜奶精
水果	木瓜、提子干、菠萝、香蕉、芒果、哈密瓜、奇异果、橙子
糖及糖醇类	蔗糖、蜂蜜、红酒、啤酒、可乐、咖啡

高升糖指数食物

五谷类	白饭、馒头、油条、糯米饭、白面包、拉面、炒饭、爆米花
肉类	贡丸、肥肠、蛋饺
蔬菜	南瓜、胡萝卜
水果	西瓜、荔枝、龙眼、枣
糖及糖醇类	葡萄糖、细砂糖、麦芽糖、汽水、橙汁、蜂蜜

04 GL 值又是什么

食物血糖负荷（GL）表示一定质量的食物对人体血糖影响程度的大小。GL>20 对血糖的影响明显；GL 在 10 ~ 20 对血糖的影响一般；GL<10 对血糖的影响不大。（GL>20 的为高 GL 食物；GL 在 10 ~ 20 的为中 GL 食物；GL<10 的为低 GL 食物）

05 GI 值与 GL 值对血糖的影响

高 GI 的食物，进入胃肠后消化快、吸收率高，葡萄糖释放快，血糖上升速率快。GI 反映了某种食物所含糖的质量，但不反映数量；GL 将糖的数量和质量结合起来，表示一定质量的食物对人体血糖影响程度的大小。将两种指标结合使用，避免血糖大起大落。

减糖烘焙第一原则：选择适合的面粉

分类	特点		营养成分
全麦面粉	小麦去除最外层的外壳后所碾碎制成的，偏淡褐色		除蛋白质外，富含膳食纤维、维生素 B_1、维生素 B_2、维生素 B_6 及铁、钙等矿物质，其营养素平均高出精制面粉 3 倍以上
精制面粉	小麦去壳、去麦皮、去胚芽后，再经过碾压及粉碎所制成		大部分为淀粉
燕麦片类	燕麦粒	去除外壳	膳食纤维含量高，GI 值较低
	传统燕麦片	去除外壳，经蒸煮、碾压、烘烤而成	膳食纤维含量高，GI 值较低
	快煮燕麦片	去除外壳，经钢刀切块、蒸煮、碾压、烘烤而成	膳食纤维含量较高，GI 值偏低
	即食燕麦片	去除外壳，经钢刀细切、蒸煮、碾压、烘烤而成	膳食纤维含量适中，GI 值高
藜麦	种子的胚芽、胚乳、种皮组织结构完整新鲜，有萌发能力，种子内的酶一直保持活性，各类营养成分处于最新鲜的状态		蛋白质、矿物质及维生素含量丰富，其含有的镁元素能够防止血管收缩及反弹扩张所造成的偏头痛，且有放松血管的特性，有助于减少高血压发生的概率
十壳米	包括糙米、燕麦粒、黑糯米、绿豆、红扁豆、黑麦仁、荞麦仁、珍珠大麦、小米、小麦共十种壳物		含有 B 族维生素、矿物质、酵素、抗氧化物、纤维素及氨基酸等，具有降血压、降胆固醇、清除血栓、舒缓神经的作用，对便秘、皮肤病、阑尾炎、失眠、口角炎有食疗效果
八宝米	包括藜麦、糙米、燕麦粒、黑麦、小米、珍珠大麦、荞麦、红扁豆这八种壳物		低 GI 值食物，有血糖问题的人较适合食用这种无糯米的多种壳物配方，但食用时一样要注意摄取量

减糖烘焙第二原则：选择适量的糖分

01 甜味剂

分类	热量	适用范围
天然甜味剂 ——甜菊糖苷	1.0千卡/克	1. 可适量使用于瓜子、蜜饯和梅粉 2. 可适量使用于豆制品及乳品饮料、发酵乳及其制品、冰淇淋、糕饼、口香糖、糖果、点心零食及麦类早餐 3. 可适量使用于饮料、酱油、调味酱及腌制蔬菜 4. 可使用于代糖锭剂及粉末 5. 可使用于特殊营养食品
人工合成甜味剂 ——糖精、甜蜜素	几乎零热量	1. 可使用于瓜子、蜜饯及梅粉 2. 可使用于碳酸饮料 3. 可使用于代糖锭剂及粉末 4. 可使用于特殊营养食品 5. 可使用于胶囊状、锭状食品

02 取代"精制糖"的好糖

名称	来源及组成	性质	GI值	使用建议
黑糖	由甘蔗制作而成，成分为两个葡萄糖	富含维生素及钙、铁、镁等矿物质，属温补食材	93	建议摄取量不超过总热量的10%为佳，摄取过量会造成糖尿病病人血糖控制欠佳，且不利于减重
椰棕糖	由椰子树的花提炼而成	富含维生素和矿物质，具有椰子香气	35	推荐糖尿病病人使用，可取代细砂糖作为甜味来源；其独特的香气通过烘焙的制作过程，变得温和且柔顺
海藻糖	淀粉液通过酵素作用，经浓缩、结晶、再干燥等步骤而制成	可当成天然甜味剂，具有保湿及抗老化特性，亦可当成食品添加剂	100	GI值和蔗糖相同，但甜度为蔗糖的45%，甜度较低；且用于烘焙时不会产生褐变反应
蜂蜜	蜜蜂采花蜜收集而成，由35%葡萄糖以及40%果糖组成	富含维生素、矿物质、酵素、多种植物多酚及抗氧化物质	88	GI值及其热量均低于细砂糖，可以适量使用，以替代细砂糖

减糖烘焙第三原则：选择可靠的油脂

种类	营养价值	烘焙选择
橄榄油	含有丰富的植化素，可抗氧化，有助于清除血管内壁的自由基，减少自由基攻击血管内膜的机会，且因为其富含单元不饱和脂肪酸，可降低胆固醇的浓度，甚至减少低密度脂蛋白胆固醇的浓度，进而预防心血管疾病的发生	蛋糕及饼干类的点心制作，可以选用稍微精制的橄榄油，这种油的香气较不抢味，适合制作甜点；若是制作意式比萨等烘焙制品，则选用含有果香的冷压初榨橄榄油最为合适
玄米油	玄米油所含的植物固醇，结构类似于胆固醇，可减少人体对胆固醇的吸收；植物固醇对心血管疾病的预防和保健非常有效，可降低总胆固醇和低密度脂蛋白胆固醇的浓度，进而降低罹患冠状动脉粥样硬化的风险	在高温下，玄米油较为稳定，不易产生过多的自由基等有害物质，适合烘焙的烤箱温度；其多元不饱和脂肪酸占比约35%
酪梨油	高达77.8%的单元不饱和脂肪，而饱和脂肪及多元不饱和脂肪比例皆低，适量摄取有助于调节生理机能；酪梨油还含有丰富的脂溶性维生素A和维生素E，具有抗氧化功能，可以滋润皮肤。此外，还可以将酪梨油制成手工皂或皮肤保养霜来滋润皮肤	酪梨油的烟点在220~270℃，适用于健康饮食所强调的低温烹调，可用于烘焙饼干或磅蛋糕等
芥花籽油	含有较高的不饱和脂肪，不含胆固醇和反式脂肪，且拥有最低的饱和脂肪，能通过降低总的血液和低密度脂蛋白胆固醇来帮助降低患冠心病的风险。芥花籽油对心脏具有保护作用，还可抑制食欲，防止脂肪在体内堆积，同时富含维生素E和维生素K	高耐热性，烟点高达242℃，在高温下无油烟，用作烘焙时可以保证食材的鲜味
坚果	除了含有一半以上的不饱和脂肪酸之外，还含有维生素A、维生素E、B族维生素和多种微量元素、20%的植物性蛋白质和丰富的膳食纤维；其油脂和蛋白质有助于脑细胞的发育，维生素A和维生素E则是很强的抗氧化剂，微量元素有助于提升脑部的灵活度以及认知能力，进而预防阿尔茨海默病	建议每日饮食的油脂来源中，至少一份来自坚果类的油脂；每日摄入量宜在1/4碗或18颗左右。坚果一般分两类：一类是树坚果，包括杏仁、腰果、榛子、核桃、松子、板栗、白果（银杏）、开心果、夏威夷果等；另一类是种子，包括花生、葵花子、南瓜子、西瓜子等

减糖烘焙第四原则：选择健康的食材

搭配食材	营养价值	烘焙建议
酸奶	酸奶的乳蛋白和乳脂肪含量均为 3.5%，乳糖约占 5%，富含维生素 A、维生素 D、B 族维生素以及钙、镁、磷、钾、铁等矿物质。100 毫升酸奶里大约含有 80 毫克的钙，因此酸奶含钙量较高，并且乳酸菌发酵后所产生的部分酸性物质有利于钙被人体吸收。酸奶还可以为人体补充好的菌种，乳酸菌是人体肠道内最广泛存在的益生菌，可以用来保障肠道健康，建议再搭配富含膳食纤维的食物如全麦类食物、蔬果等，有助于益生菌的生长，提高好菌在肠道的定值率	1.选择较单一、不添加胶体的原料为佳 2.选择无额外添加蔗糖的为佳 3.选择无添加色素、香料的为佳 4.营养标识中的热量、脂肪、蛋白质、糖类与非乳脂肪固形物的含量也需参考
黄豆	黄豆富含卵磷脂，具有乳化脂肪的作用，能调解血脂，帮助对抗顽固的脂肪肝，并有助于降低血胆固醇及中性脂肪，进而防治粥状动脉硬化的发生。此外，黄豆还含有丰富的蛋白质和钙、磷等矿物质及胡萝卜素、维生素 B_1、维生素 B_2 和烟酸等。其中，黄豆中的蛋白质含有人体所需的各种氨基酸，如赖氨酸、亮氨酸、苏氨酸等	站在营养学的角度，每天喝一杯黄豆制成的豆浆作为植物性蛋白质的来源，可以让身体获得非常大的益处。豆浆在满足这个需求的同时，也含有更年期妇女所欠缺的天然雌激素，能够缓解更年期的不适症状。同时有助于改善血脂肪和腰部肥胖问题，强烈建议烘焙时将液体材料替换成豆浆
豆渣	豆渣含水量达 85%，蛋白质 3%、脂肪 0.5%、糖类 8%，还包含钙、磷、铁等矿物质。豆渣有助于肠道内益生菌的生长，让膳食纤维在肠道内进一步发酵而产生短链脂肪酸，短链脂肪酸除了可以作为肠细胞的能量来源，还可营造一个不利于坏菌生长的环境，进而改善肠道内的菌相平衡，维持良好的肠道健康	豆渣可以与洋葱、面粉、少许肉泥等一起搅拌成团，压成饼状，干煎后即可成为豆渣饼，而将豆渣运用于馒头的制作，可以让馒头更松软、更美味

制作减糖烘焙所使用的工具

烤箱

烤箱在家庭使用时一般都是用来烤制饼干、点心和面包等食物。它是一种密封的电器，也其备烘干的作用。通过烤箱做出来的食物一般香气浓郁。

打蛋器

用来将鸡蛋的蛋清和蛋黄打散，充分融合成蛋，液或将蛋清和蛋黄单独打到起泡的工具。一般使用不锈钢材质的较好。

造型压模

将面团擀压平整后，用造型压模按压出各种造型，或将面团搓圆后放于压模内，按压平整后放入烤箱，烤熟后再进行脱模处理，使面团在烘烤过程中不易变形。

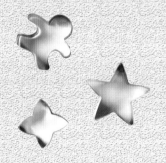

电子秤

又叫电子计量秤，在西点制作中用来称量各种粉类（如面粉、抹茶粉等）、细砂糖等需要精确重量的材料。

电动搅拌器

可任意调节速度以及替换不同用途的搅拌转头，用来搅拌面团和打发蛋白。

量杯

一般的量杯杯壁上都有容量标识，可以用来量取水、奶油等材料。但要注意读数时的刻度，量取时要选择恰当的量程。

量匙

量匙通常是塑料材质的，是圆状或椭圆状、带有小柄的一种浅勺，主要用来盛液体或者细碎的物体，如用来量取糖、酵母粉等。

擀面棍

用于擀平面团。

刮板

又称面铲板，是制作面团后刮净盆子或面板上剩余面团的工具，也可以用来切割面团及修整面团的四边。刮板有塑料、不锈钢、木制等多种材质。

刷子

用以沾上液体刷于面团表面上，如蜂蜜、蛋黄液等，增加面团烘烤后的光泽。

烤模

圆形蛋糕烤模、圆形中空烤模、长方形蛋糕烤模、正方形烤模、造型蛋糕烤模，都属于蛋糕烘烤的模型，有些也可用于制作造型面包。

橡皮刮刀

一种软质、如刀状的工具，可用来搅拌以及混合糊状食材。建议使用耐热性较高的硅胶材质制品，也可用木铲代替。

面粉筛

一般都用不锈钢制成，是用来过滤面粉的烘焙工具。面粉筛底部都是漏网状的，做蛋糕或饼类时会用到，可以过滤掉面粉中含有的其他杂质，使做出来的蛋糕更膨松，口感更好。

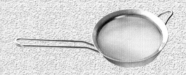

烘焙纸

烘烤食物时垫在底部，防止食物粘在模具上面，导致清洗困难。做饼干或蒸馒头等时都可以把它置于底部，以保证食品干净卫生，垫盘、隔油都可以用。

蛋挞模

制作蛋挞时使用。一般选择铝模，其压制性比较好，容易塑形，烤出来的蛋挞口感也比较好。

PART 2

松松软软，烤出入口即化的低卡蛋糕

蛋糕，不再只是甜腻、易发胖的代名词。本章为喜爱蛋糕的朋友们介绍了 24 款松软可口的蛋糕，美味又健康，定能满足您的味蕾。

戚风蛋糕

桂花蜂蜜戚风蛋糕

材料

<1> 蛋黄糊		<2> 蛋白霜		蜂蜜	5 克
低筋面粉	40 克	蛋清	105 克	干桂花	适量
蛋黄	3 个	糖粉	10 克		
糖粉	5 克	<3> 装饰			
牛奶	40 毫升	淡奶油	150 克		
植物油	30 毫升	糖粉	1 克		

工具

圆形蛋糕模

步骤

1 搅拌盆中倒入植物油及牛奶，搅拌均匀，倒入糖粉 <1> 拌匀。

2 筛入低筋面粉，搅拌均匀。

3 倒入蛋黄，搅拌均匀（注意不要过度搅拌），制成蛋黄糊；蛋清及糖粉 <2> 倒入另一搅拌盆中，用电动打蛋器快速打发，制成蛋白霜。

4 将蛋白霜的 1/3 倒入蛋黄糊中，搅拌均匀，再倒回剩余的蛋白霜中，搅拌均匀，制成蛋糕糊；蛋糕糊倒入蛋糕模具中，震动几下，放入预热至 175℃ 的烤箱烘烤约 23 分钟，烤好后，将模具倒扣、放凉。

5 使用新的搅拌盆，倒入淡奶油及糖粉 <3>，快速打发，倒入蜂蜜，搅拌均匀。

6 取出烤好、放凉的蛋糕体，在表面均匀抹上步骤 5 中的混合物，撒上干桂花即可。

戚风蛋糕

抹茶芒果戚风卷

材料

<1> 蛋黄糊

蛋黄	3 个
糖粉	10 克
抹茶粉	6 克
牛奶	40 毫升
植物油	30 毫升
低筋面粉	50 克

<2> 蛋白霜

| 蛋清 | 3 个 |
| 糖粉 | 20 克 |

<3> 装饰

淡奶油	100 克
糖粉	1 克
芒果丁	适量

工具

30 厘米 ×41 厘米烤盘

步骤

1 牛奶与植物油倒入搅拌盆中，拌匀。

2 倒入糖粉 <1>，搅拌均匀。

3 筛入低筋面粉及抹茶粉，搅拌均匀。

4 倒入蛋黄，搅拌均匀，制成蛋黄糊。

5 取另一搅拌盆，倒入蛋清及糖粉 <2> 打发，制成蛋白霜；1/3 蛋白霜倒入蛋黄糊中，搅拌均匀，再倒回剩余的蛋白霜中，搅拌均匀，制成蛋糕糊；蛋糕糊倒在铺好油纸的烤盘上，抹平，放进预热至 220℃ 的烤箱中，烘烤 8~10 分钟。

6 淡奶油及糖粉 <3> 倒入搅拌盆中，用电动打蛋器打发均匀；取出烤好的蛋糕体，撕下油纸，放凉，抹上已打发的淡奶油，再均匀地撒上芒果丁，卷起，放入冰箱冷藏定型即可。

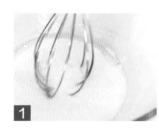

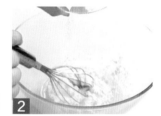

蜂蜜抹茶蛋糕

材料

<1> 蛋黄糊

蛋黄	2 个
海藻糖	1 克
植物油	10 毫升
抹茶粉	10 克
水	60 毫升
蜂蜜	10 克
低筋面粉	70 克
泡打粉	1 克

<2> 蛋白霜

蛋清	2 个
海藻糖	1 克

工具

磅蛋糕模

【扫码学烘焙】

步骤

1 蛋黄及海藻糖 <1> 倒入搅拌盆中，搅拌均匀。

2 抹茶粉倒入水中，搅拌至充分溶解。

3 将步骤 2 的混合物倒入步骤 1 的混合物中，搅拌均匀，倒入植物油及蜂蜜，搅拌均匀。

4 筛入低筋面粉及泡打粉，搅拌均匀，制成蛋黄糊。

5 取一新的搅拌盆，倒入蛋清及海藻糖 <2> 快速打发，制成蛋白霜；1/3 蛋白霜倒入蛋黄糊中，搅拌均匀，再倒回至剩余的蛋白霜中，搅拌均匀，制成蛋糕糊。

6 将蛋糕糊倒入模具中，放入预热至 170℃ 的烤箱中烘烤约 25 分钟即可。

制作小贴士

蛋糕糊倒入模具时，可以轻轻震动模具，前后轻轻晃两下，这样可使气泡消失。

慕斯蛋糕

芒果西米露蛋糕

材料

<1> 饼干底

| 消化饼干碎 | 60 克 |
| 无盐黄油 | 35 克 |

<2> 慕斯液

芒果果泥	200 克
吉利丁片	3 片
海藻糖	4 克

| 淡奶油 | 200 克 |

<3> 夹馅

| 芒果丁 | 适量 |
| 西米 | 适量 |

<4> 表面装饰

| 芒果丁 | 适量 |
| 西米 | 适量 |

工具

方形慕斯框

👉【扫码学烘焙】

步骤

1 西米煮好，分为两份备用；消化饼干碎倒入搅拌盆中，无盐黄油隔水加热至化开，再倒入搅拌盆中，搅拌均匀。

2 慕斯框底部包好保鲜膜，将拌好的饼干碎倒入其中，压实，放入冰箱冷冻半小时。

3 淡奶油及海藻糖倒入搅拌盆中，快速打发。

4 倒入芒果果泥，搅拌均匀。

5 吉利丁片隔水加热化开，倒入步骤 4 的混合物中，搅拌均匀，制成慕斯液；一半的慕斯液倒入装有饼底的模具中，抹平，再均匀地倒入西米 <3> 及芒果丁 <3>，倒入另一半慕斯液，放入冰箱冷藏 4 小时以上；蛋糕从冰箱取出，用喷火枪加热模具四周，脱模。

6 放上芒果丁 <4> 及西米 <4> 装饰即可。

 制作小贴士

西米煮好之后放入冷水中浸泡，这样可以让西米更有嚼劲，同时还可防止粘黏。

慕斯蛋糕

豆乳恶魔蛋糕

材料

| **工具** |
| 圆形蛋糕模 |

<1> 蛋糕糊

低筋面粉	60 克
豆浆	120 毫升
可可粉	15 克
蜂蜜	25 克
芥花籽油	30 毫升
柠檬汁	8 毫升
泡打粉	1 克
苏打粉	1 克

<2> 奶油

豆腐	350 克
黑巧克力豆	50 克
可可粉	20 克
蜂蜜	20 克
豆浆	140 毫升

<3> 装饰

| 防潮可可粉 | 适量 |
| 蓝莓 | 适量 |

步骤

1 将 <1> 中的芥花籽油、豆浆、蜂蜜、柠檬汁倒入大玻璃碗中,用手动打蛋器拌匀。

2 低筋面粉、可可粉、泡打粉、苏打粉过筛至碗里。

3 用手动打蛋器翻拌成无干粉的面糊,即成蛋糕糊。

4 将蛋糕糊倒入铺有油纸的蛋糕模内至五分满。

5 蛋糕糊放入已预热至180℃的烤箱中层,烤约45分钟;豆腐倒入大玻璃碗中,用电动打蛋器搅打成泥。

6 倒入 <2> 中的豆浆,继续搅打均匀,倒入可可粉,搅打至材料混合均匀。

7 黑巧克力豆隔水加热化开,倒入大玻璃碗中,继续搅打均匀,倒入蜂蜜,用手动打蛋器搅拌均匀,即成奶油。

8 取出烤好的蛋糕,待稍稍放凉后脱模。

9 蛋糕放在转盘上,用齿刀将蛋糕切成厚薄一样的片,将蛋糕片放在玻璃碗中,倒入适量奶油。

10 放上一片蛋糕片,倒入剩余奶油,用抹刀抹平,移入冰箱冷藏3个小时以上。取出,在蛋糕表面筛入一层防潮可可粉,放上蓝莓装饰即可。

制作小贴士

根据家庭式的烤箱受热度来烤蛋糕糊,如果受热高可以用170℃,如果受热低可以用180℃。

慕斯蛋糕

豆腐慕斯蛋糕

材料

<1> 蛋糕糊

低筋面粉	50 克
豆浆	30 毫升
可可粉	15 克
芥花籽油	10 毫升
蜂蜜	10 克

泡打粉	1 克
苏打粉	1 克
柠檬汁	适量
盐	少许

<2> 慕斯馅

| 豆腐渣 | 250 克 |
| 蜂蜜 | 15 克 |

工具

<3> 装饰

| 开心果碎 | 适量 |

蛋糕圈

步骤

1 将 <1> 中的芥花籽油、豆浆、蜂蜜、柠檬汁、盐倒入大玻璃碗中，用手动打蛋器搅拌均匀。

2 低筋面粉、可可粉、泡打粉、苏打粉过筛至碗里，用手动打蛋器翻拌成无干粉的面糊，即成蛋糕糊。

3 取烤盘，铺上油纸，放上蛋糕圈，往蛋糕圈内倒入蛋糕糊使之定形，撤走蛋糕圈，将烤盘放入已预热至 180℃ 的烤箱中层，烤约 10 分钟；待时间到，取出烤好的蛋糕，稍稍放凉，用蛋糕圈按压蛋糕，去掉边缘多余的部分。

4 将 <2> 中的豆腐渣、蜂蜜倒入干净的大玻璃碗中，用软刮刀搅拌均匀，即成慕斯馅。

5 一块蛋糕放在铺有保鲜膜的蛋糕圈里，倒入慕斯馅至八分满，盖上一块蛋糕，移入冰箱冷藏 3 个小时以上。

6 冷藏好的豆腐慕斯蛋糕脱模后放在盘中，放上开心果碎装饰即可。

制作小贴士

豆腐可以使用小型机器搅拌成糊，豆腐渣越细腻，做出来的蛋糕口感越丝滑。

慕斯蛋糕

提拉米苏豆腐蛋糕

材料

豆腐	150 克
蜂蜜	15 克
豆浆	30 毫升
豆乳蛋糕	100 克
可可粉	少许
碧根果	少许

工具

透明玻璃杯

步骤

1 将豆腐、豆浆、蜂蜜倒入搅拌机中，启动搅拌机，将材料搅打成泥。

2 搅打好的材料倒入玻璃碗中，即成蛋糕糊。

3 将豆乳蛋糕切成小块，装入杯中；将蛋糕糊倒在豆乳蛋糕块上。

4 用软刮刀将表面抹平。

5 将可可粉过筛在蛋糕糊表面。

6 放上碧根果点缀即可。

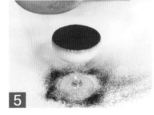

制作小贴士

蛋糕糊制作完成后，可先筛一层防潮糖粉，再筛上可可粉，使用的可可粉主要起到防潮的作用。

慕斯蛋糕

可可曲奇豆腐蛋糕

材料 🍲 _____

<1> 蛋糕

豆腐	200 克
豆浆	100 毫升
蜂蜜	30 克
奥利奥饼干	80 克

<2> 装饰

| 奥利奥饼干 | 2 块 |

工具 🧤

透明玻璃罐

步骤 🍳

1 将 <1> 中的奥利奥饼干去掉中间的奶油夹馅，装入大玻璃碗中，用擀面杖捣碎。

2 将豆腐、蜂蜜、豆浆倒入搅拌机中，搅打成泥。

3 搅打好的材料倒入玻璃碗中，倒入适量奥利奥饼干碎，拌匀，即成豆腐泥。

4 1/3 的豆腐泥倒入铺有奥利奥饼干碎的透明玻璃罐中。

5 往玻璃罐中铺上一层奥利奥饼干碎，倒入 1/3 的豆腐泥，铺上一层奥利奥饼干碎，倒入剩下 1/3 的豆腐泥，再铺上一层奥利奥饼干碎。

6 放上 <2> 中的奥利奥饼干装饰即可。

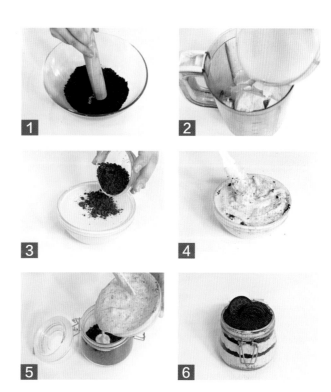

 制作小贴士

放饼干时注意适当的间距，每层需要保持一定的厚度。

磅蛋糕

香橙磅蛋糕

材料

低筋面粉	60 克	芥花籽油	30 毫升
香橙汁	75 毫升	泡打粉	1 克
蜂蜜	30 克		
淀粉	15 克		
热带水果干	20 克		
柠檬汁	7 毫升		
盐	0.5 克		

工具

磅蛋糕模

步骤

1 芥花籽油、蜂蜜倒入大玻璃碗中，用手动打蛋器搅拌均匀。

2 倒入盐、柠檬汁、香橙汁，搅拌均匀；将低筋面粉、淀粉、泡打粉过筛至碗里，搅拌成无干粉的面糊。

3 倒入热带水果干，搅拌均匀，即成蛋糕糊。

4 取磅蛋糕模具，倒入蛋糕糊。

5 蛋糕模具放入已预热至180℃的烤箱中层，烤约35分钟，取出烤好的蛋糕。

6 脱模后装盘即可。

1

2

3

4

5

6

制作小贴士

烤好的蛋糕应即时脱模，以防模具内水蒸气渗入蛋糕表面，影响口感。

 磅蛋糕

大豆黑巧克力蛋糕

材料 🥣 _____

黑巧克力	100 克	苏打粉	1 克
蜂蜜	35 克	水	20 毫升
可可粉	15 克		
水发黄豆	150 克		
柠檬汁	15 毫升		
泡打粉	2 克		

工具 🧤

圆形蛋糕模

步骤

1 水发黄豆倒入搅拌机中，启动搅拌机，将食材搅打成泥。

2 倒入水、蜂蜜，将食材搅打均匀。

3 黑巧克力切成小块后装入碗中，隔热水化开。将搅打好的食材倒入大玻璃碗中。

4 碗中倒入化开的黑巧克力、可可粉，用软刮刀翻拌成无干粉的糊。

5 倒入柠檬汁、泡打粉、苏打粉，边倒边搅拌均匀，即成蛋糕糊。

6 将蛋糕糊倒入铺有油纸的蛋糕模中至七分满。

7 将蛋糕模放入已预热至180℃的烤箱中层，烤约45分钟。

8 取出烤好的蛋糕，待稍稍放凉后脱模，装盘即可。

> **制作小贴士**
>
> 如果想要黄豆的味道更好的话，可把黄豆放水中煮几分钟，倒入冷水中放凉，捞出，再操作。

磅蛋糕

红薯豆乳蛋糕

材料

红薯	250 克
低筋面粉	80 克
豆浆	100 毫升
芥花籽油	30 毫升
蜂蜜	6 克
泡打粉	2 克
苏打粉	1 克

工具

圆形蛋糕模

步骤

1 将烤熟的红薯、豆浆倒入搅拌机中，启动搅拌机，将食材搅打成泥。

2 将红薯泥倒入大玻璃碗中，再倒入芥花籽油、蜂蜜，用手动打蛋器搅拌均匀。

3 将低筋面粉、泡打粉、苏打粉过筛至碗里。

4 用手动打蛋器搅拌成无干粉的面糊，即成蛋糕糊；将蛋糕糊倒入铺有油纸的蛋糕模中至七分满，放入已预热至 180℃ 的烤箱中层，烤约 30 分钟；待时间到，取出烤好的红薯豆乳蛋糕，脱模即可。

 制作小贴士

烤红薯时，可将烤箱温度调成 170℃，烤至 18 分钟，烤熟的红薯需要放凉再操作。

无糖椰枣蛋糕

材料

南瓜汁	200 毫升	泡打粉	2 克
低筋面粉	160 克	苏打粉	2 克
碧根果仁	15 克	盐	0.5 克
干红枣（去核）	10 克		
芥花籽油	30 毫升		
椰浆	30 毫升		

工具

圆形蛋糕模

步骤

1 芥花籽油、椰浆倒入大玻璃碗中，用手动打蛋器搅拌均匀。

2 碗中倒入南瓜汁、盐，搅拌均匀。

3 将低筋面粉、泡打粉、苏打粉过筛至碗里，搅拌成无干粉的面糊，即成蛋糕糊。

4 蛋糕糊倒入铺有油纸的蛋糕模中。

5 铺上干红枣，撒上捏碎的碧根果仁。

6 蛋糕模放在烤盘上，移入已预热至180℃的烤箱中层，烤约35分钟；取出烤好的无糖椰枣蛋糕，脱模装盘即可。

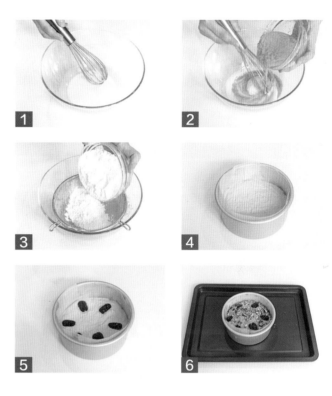

制作小贴士

铺干红枣时，注意不要太过用力，以免影响蛋糕的外形。

磅蛋糕

红枣蛋糕

材料

低筋面粉	65 克	苏打粉	1 克
全麦粉	50 克	盐	1 克
红枣汁	140 毫升		
无花果块	25 克		
蜂蜜	30 克		
芥花籽油	30 毫升		
泡打粉	2 克		

工具

磅蛋糕模

步骤

1 蜂蜜、芥花籽油倒入大玻璃碗中，用手动打蛋器搅拌均匀。

2 倒入红枣汁，快速搅拌均匀。

3 倒入盐，拌匀；将低筋面粉、全麦粉、泡打粉、苏打粉过筛至碗里，搅拌成无干粉的面糊。

4 倒入无花果块，拌匀，即成蛋糕糊；蛋糕糊倒入铺有油纸的蛋糕模中；将蛋糕模放在烤盘上，移入已预热至 180℃ 的烤箱中层，烤约 30 分钟即可。

  制作小贴士

制作红枣汁时，把红枣的核去掉，用水煮好，放入凉水中降温，捞出后再进行操作。

磅蛋糕

樱桃燕麦蛋糕

材料

<1> 蛋糕糊

全麦粉	100 克
低筋面粉	50 克
蜂蜜	30 克
芥花籽油	15 毫升
樱桃汁	140 毫升

樱桃(去核切半)	15 克
泡打粉	3 克
苏打粉	2 克
柠檬汁	3 毫升

<2> 燕麦碎

芥花籽油	15 毫升

低筋面粉	35 克
蜂蜜	5 克
燕麦	5 克

工具

方形蛋糕模

步骤

1 将 <2> 中的蜂蜜、芥花籽油倒入碗中，用叉子搅拌均匀，倒入低筋面粉，搅拌至无干粉，倒入燕麦，拌匀，即成燕麦碎。

2 另取一个大玻璃碗，倒入 <1> 中的蜂蜜、芥花籽油、柠檬汁，搅拌均匀，再倒入樱桃汁，继续搅拌均匀。

3 将全麦粉、低筋面粉、泡打粉、苏打粉过筛至碗里，继续搅拌成无干粉的面糊，即成蛋糕糊。

4 将蛋糕糊倒入铺有油纸的蛋糕模中。

5 在蛋糕糊上铺上一层燕麦碎。

6 放上樱桃，蛋糕模放在烤盘上，移入已预热至180℃的烤箱中层，烤约35分钟即可。

 制作小贴士

　　可在蛋糕糊中加入适量的柠檬汁，这样能起到去腻的效果。

 磅蛋糕

玉米蛋糕

材料

				工具
<1> 蛋糕糊		泡打粉	1 克	玉米粉	10 克	磅蛋糕模

<1> 蛋糕糊　　　　泡打粉　　1 克　　玉米粉　　10 克　　　磅蛋糕模
低筋面粉　120 克　苏打粉　　1 克　　低筋面粉　25 克
玉米汁　140 毫升　盐　　　　1 克
蜂蜜　　　20 克　**<2> 装饰**
玉米粉　　15 克　海藻糖　　1 克
芥花籽油　25 毫升　芥花籽油　10 毫升

步骤

1 将 <2> 中的芥花籽油、海藻糖倒入玻璃碗中，用叉子搅拌均匀。

2 倒入玉米粉、低筋面粉。

3 继续搅拌成无干粉的面团，叉散，即成装饰材料。

4 将 <1> 中的芥花籽油、蜂蜜倒入大玻璃碗中，用手动打蛋器搅拌均匀，倒入盐，拌匀，倒入玉米汁，拌匀。

5 将玉米粉、泡打粉、苏打粉、低筋面粉过筛至碗中，搅拌成无干粉的面糊，即成蛋糕糊。

6 取蛋糕模，倒入蛋糕糊，用礤网将装饰材料擦成丝后铺在蛋糕糊上；将蛋糕模放在烤盘上，移入已预热至180℃的烤箱中层，烤约 40 分钟即可。

制作小贴士

装饰时需要用到礤网，礤网的孔稍微宽点更好。

 磅蛋糕

胡萝卜蛋糕

材料

<1> 蛋糕糊

全麦面粉	70 克
胡萝卜丝	90 克
芥花籽油	40 毫升
泡打粉	1 克
苏打粉	0.5 克
盐	1 克

蜂蜜	12 克

<2> 蛋糕馅

豆腐	300 克
蜂蜜	12 克
柠檬汁	10 毫升
柠檬皮碎	5 克

工具

烟囱蛋糕模

步骤

1 芥花籽油、一半蜂蜜、盐倒入大玻璃碗中，用手动打蛋器搅拌均匀。

2 倒入胡萝卜丝，搅拌均匀。

3 将全麦面粉、泡打粉、苏打粉过筛至碗里，以软刮刀将碗中材料翻拌成无干粉的面糊。

4 面糊倒入蛋糕模具内，轻轻震几次，用软刮刀使面糊表面更平整。

5 将蛋糕模具放入已预热至 180 ℃的烤箱中层，烤约 35 分钟；取出烤过的蛋糕，待稍稍放凉，脱模，脱模的蛋糕放在转盘上，用齿刀切成厚薄一致的蛋糕片。

6 豆腐倒入大玻璃碗中，用电动打蛋器搅打成泥，倒入剩下的蜂蜜、柠檬皮碎、柠檬汁，继续搅拌均匀，即成蛋糕馅；用抹刀将适量蛋糕馅抹在一片蛋糕片上，盖上另一片蛋糕片，剩余蛋糕馅均匀涂抹在蛋糕表面即可。

制作小贴士

在蛋糕糊中加入少许柠檬汁或醋，可达到去除油味的效果。

胡萝卜巧克力纸杯蛋糕

杯子蛋糕

材料

<1> 蛋糕糊

熟胡萝卜泥	180 克
低筋面粉	90 克
芥花籽油	30 毫升
可可粉	15 克
蜂蜜	30 克
豆浆	60 毫升

泡打粉	2 克
盐	0.5 克

<2> 蛋糕馅

可可粉	30 克
豆浆	78 毫升
蜂蜜	10 克

工具

蛋糕纸杯

蛋糕模具

步骤 🧤

1 将 <1> 中的蜂蜜、熟胡萝卜泥、豆浆、盐、芥花籽油倒入大玻璃碗中，用手动打蛋器搅拌均匀。

2 将 <1> 中的低筋面粉、可可粉、泡打粉过筛至大玻璃碗中。

3 用软刮刀翻拌成无干粉的面糊，即成蛋糕糊。

4 蛋糕糊装入裱花袋里，用剪刀在裱花袋尖端处剪一个小口。

5 蛋糕纸杯放在蛋糕模具内，把蛋糕糊挤在蛋糕纸杯里至七分满，模具放入已预热至180℃的烤箱中层，烤约16分钟。

6 将 <2> 中的豆浆倒入碗里，再倒入可可粉，搅拌均匀成无干粉的糊，倒入蜂蜜，继续搅拌均匀，即成蛋糕馅；取出烤好的纸杯蛋糕放在转盘上，用抹刀将蛋糕馅抹在蛋糕上，用抹刀尖端轻轻拉起蛋糕馅；依次完成剩余的蛋糕，装入盘中即可。

制作小贴士

蛋糕糊中所使用的可可粉需是黑可可粉，且无糖。

杯子蛋糕

苹果蛋糕

材料 🍲

低筋面粉	65 克	苏打粉	1 克
苹果丁	20 克	杏仁片	少许
苹果汁	65 毫升		
淀粉	15 克		
芥花籽油	20 毫升		
蜂蜜	20 克		
泡打粉	1 克		

工具 🧤

蛋糕纸杯

步骤

1 芥花籽油、蜂蜜倒入大玻璃碗中，用手动打蛋器搅拌均匀，再倒入苹果汁，搅拌均匀。

2 低筋面粉、淀粉、泡打粉、苏打粉过筛至碗中。

3 搅拌成无干粉的面糊。

4 倒入苹果丁，拌匀，即成苹果蛋糕糊。

5 将苹果蛋糕糊装入裱花袋，用剪刀在裱花袋尖端处剪一个小口。

6 取蛋糕纸杯，挤入苹果蛋糕糊至八分满，撒上杏仁片；蛋糕纸杯放在烤盘上，烤盘移入已预热至180℃的烤箱中层，烤约15分钟即可。

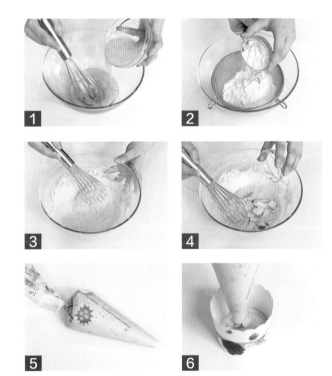

 制作小贴士

苹果水分比较多，切成小丁状态即可，这样可以保持蛋糕的滋润度，让最后成形的蛋糕不至于太硬或太软。

杯子蛋糕

柠檬椰子纸杯蛋糕

材料

椰浆	100 毫升	苏打粉	1 克
椰子粉	40 克	柠檬汁	10 毫升
豆浆	40 毫升	盐	0.5 克
低筋面粉	60 克		
蜂蜜	30 克		
芥花籽油	35 毫升		
泡打粉	1 克		

工具

蛋糕纸杯

蛋糕模具

步骤

1 将椰浆、豆浆、蜂蜜、芥花籽油、柠檬汁、盐倒入大玻璃碗中,用手动打蛋器搅拌均匀。

2 将椰子粉、泡打粉、苏打粉、低筋面粉过筛至碗里,搅拌成无干粉的面糊,即成蛋糕糊。

3 蛋糕糊装入裱花袋里,用剪刀在裱花袋尖端处剪一个小口。

4 蛋糕纸杯放在蛋糕模具内,把蛋糕糊挤在蛋糕纸杯里至七分满,将蛋糕模具放入已预热至 180℃ 的烤箱中层,烤约 25 分钟即可。

制作小贴士

制作柠檬椰子纸杯蛋糕时,如果不喜欢豆乳食品可以用牛奶或水替代。

 杯子蛋糕

绿茶蛋糕

材料 🥣 _____

低筋面粉	50 克	
红豆汁	80 毫升	
蜂蜜	40 克	
柠檬汁	5 毫升	
绿茶粉	8 克	
泡打粉	2 克	

芥花籽油	30 毫升
红豆泥	适量

工具 🧤

蛋糕纸杯

步骤

1 将芥花籽油、蜂蜜倒入大玻璃碗中，用手动打蛋器搅拌均匀。

2 倒入柠檬汁，搅拌均匀；倒入红豆汁，边倒边搅拌均匀。

3 将低筋面粉、绿茶粉、泡打粉过筛至碗里，搅拌成无干粉的蛋糕糊。

4 蛋糕糊装入裱花袋中，用剪刀在裱花袋尖端处剪一个小口。

5 取蛋糕纸杯，挤入蛋糕糊至满，放在烤盘上；烤盘放入已预热至180℃的烤箱中层，烤约45分钟。

6 取出烤好的绿茶蛋糕，把装入裱花袋的红豆泥挤在绿茶蛋糕上即可。

制作小贴士

　　蜂蜜依据甜度不同可分为很多种，可以根据购买蜂蜜的种类不同来增减分量，也可以用海藻糖直接替代。

 杯子蛋糕

樱桃开心果杏仁蛋糕

材料 _____ 工具 👋

新鲜樱桃	60 克	芥花籽油	15 毫升	蛋糕纸杯
低筋面粉	15 克	水	80 毫升	蛋糕模具
杏仁粉	60 克			
蜂蜜	30 克			
泡打粉	2 克			
开心果碎	4 克			

步骤 🧤

1 将蜂蜜、芥花籽油倒入大玻璃碗中，用手动打蛋器搅拌均匀。

2 低筋面粉、杏仁粉过筛至碗里，用软刮刀翻拌至无干粉。

3 倒入少许水，翻拌均匀。

4 倒入泡打粉，继续拌匀，即成蛋糕糊。

5 蛋糕糊装入裱花袋中，用剪刀在裱花袋尖端处剪一个小口；取蛋糕模具，放上蛋糕纸杯，挤入蛋糕糊至七分满。

6 撒上开心果碎，放上樱桃；蛋糕模具放入已预热至 180℃ 的烤箱中层，烤约 20 分钟即可。

制作小贴士

　　制作樱桃开心果杏仁蛋糕时，面糊内可加入 5 毫升的樱桃酒，能起到调节口味的作用。

迷你蛋糕

蓝莓瑞士卷

材料

<1> 蛋糕糊

鸡蛋	4 个	低筋面粉	50 克
水	50 毫升	泡打粉	2 克
细砂糖	30 克	盐	1 克
香草精	4 滴	蓝莓果酱	47 克

<2> 夹馅

淡奶油	100 克
海藻糖	1 克
蓝莓果酱	10 克

工具

30 厘米 ×41 厘米烤盘

步骤

1 鸡蛋打成蛋液，加入细砂糖、盐，快速打发至细腻。

2 在蓝莓果酱 <1> 中加水、香草精，拌匀。

3 在步骤 1 的混合物中加入过筛的低筋面粉、泡打粉，再放入步骤 2 的蓝莓果酱，搅拌均匀。

4 蛋糕糊倒入铺好油纸的烤盘中，抹平。

5 放入预热至 180 ℃ 的烤箱中烘烤约 18 分钟，烤好后取出，撕下油纸，放凉。

6 淡奶油倒入新的搅拌盆中打发，加入海藻糖，打发至鸡尾状，加入蓝莓果酱 <2>，搅拌均匀，在蛋糕表面抹上淡奶油，将蛋糕卷起，切成均等 6 份即可。

 制作小贴士

打发蛋液时速度一定要快，否则会影响蛋液的细腻程度。

📣【扫码学烘焙】

迷你蛋糕

抹茶玛德琳蛋糕

材料

低筋面粉	110 克
蜂蜜	25 克
芥花籽油	40 毫升
柠檬汁	8 毫升
抹茶粉	5 克
泡打粉	2 克
水	120 毫升

工具

玛德琳模具

步骤

1 将芥花籽油、蜂蜜、水倒入大玻璃碗中，用手动打蛋器搅拌均匀。

2 倒入柠檬汁，拌匀。

3 将低筋面粉、抹茶粉、泡打粉过筛至碗里，搅拌成无干粉的面糊，即成蛋糕糊。

4 蛋糕糊装入裱花袋中，用剪刀在裱花袋尖端处剪一个小口。

5 取玛德琳模具，挤入蛋糕糊至满。

6 玛德琳模具放入已预热至 180℃ 的烤箱中层，烤约 20 分钟即可。

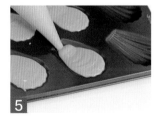
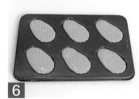

制作小贴士

建议使用带有茉莉香的抹茶粉，这样口味更好。

迷你蛋糕

红枣玛德琳蛋糕

材料

低筋面粉	70 克
红枣汁	100 毫升
蜂蜜	25 克
芥花籽油	40 毫升
可可粉	8 克
盐	1 克
泡打粉	1 克

工具

玛德琳模具

步骤

1 蜂蜜、芥花籽油倒入大玻璃碗中，用手动打蛋器搅拌均匀；倒入红枣汁，边倒边搅拌均匀。

2 将低筋面粉、可可粉、泡打粉、盐过筛至碗里，搅拌成无干粉的蛋糕糊。

3 蛋糕糊装入裱花袋中，用剪刀在裱花袋尖端处剪一个小口。

4 取玛德琳模具，挤入蛋糕糊至满，轻轻震几下，使蛋糕糊更加平整；将玛德琳模具放入已预热至 180℃ 的烤箱中层，烤约 10 分钟即可。

制作小贴士

制作红枣玛德琳蛋糕时，可在面糊内加入一些君度酒稍微调节口味。

PART 3 柔软绵密，烤出香气扑鼻的低油面包

面包——每日早餐餐桌上的一大主角。作为早餐主食，本章为您日常充饥提供了 23 款柔软喷香的面包，饱腹却不发胖。

基础面包

胚芽乳酪小餐包

材料

<1> 面团

高筋面粉	270 克	鸡蛋	1 个
低筋面粉	30 克	盐	2 克
小麦胚芽	16 克	植物油	15 毫升
海藻糖	2 克	牛奶	150 毫升
酵母粉	3 克	**<2> 馅料**	
		芝士（切丁）	120 克

工具

方形蛋糕模

☞【扫码学烘焙】

步骤

1 把高筋面粉、低筋面粉、小麦胚芽和酵母粉放入玻璃碗中搅匀，加入海藻糖、鸡蛋、盐、牛奶和植物油，拌匀并揉成团。

2 取出面团放在操作台上，揉成一个光滑的面团，放入玻璃碗中，包上保鲜膜发酵25 分钟。

3 取出发酵好的面团，分成 9 等份，揉圆，表面喷少许水，松弛 10~15 分钟。

4 把面团压分别扁后，包入一块芝士丁，收口捏紧；把小面团放入模具中，发酵 60分钟（在发酵的过程中注意给面团保湿，每过一段时间可以喷少许水）。

5 待发酵完成后，在每个小面团表面剪出十字。

6 烤箱以上火 175 ℃、下火 160 ℃预热，将烤盘置于烤箱的中层，烘烤 18~20 分钟，取出即可。

制作小贴士

在发酵好的面包上剪一小刀，操作时注意不要露出芝士块，不然会造成露馅。

卡仕达软面包

基础面包

材料

<1> 面团

高筋面粉	120 克	牛奶	20 毫升	
盐	2 克	水	70 毫升	
海藻糖	2 克	无盐黄油	15 克	
酵母粉	3 克	**<2> 卡仕达馅**		
原味酸奶	20 克	牛奶	90 毫升	
		无盐黄油	12 克	

细砂糖	20 克
蛋黄	50 克
低筋面粉	21 克
芝士片	3 片

工具

30 厘米 × 41 厘米烤盘

步骤

1 将高筋面粉、盐、海藻糖、酵母粉放入搅拌玻璃碗中，用软刮刀搅拌均匀。

2 倒入水、牛奶、原味酸奶，搅拌，至液体材料与粉类材料完全融合，加入 <1> 中的无盐黄油，用手将材料揉成面团，揉约15 分钟，至面团起筋后，放入搅拌玻璃碗中，用保鲜膜封好，发酵 15 分钟。

3 <2> 中的牛奶、无盐黄油、细砂糖混合加热，至 90℃关火，冷却备用。

4 将蛋黄倒入碗中，搅拌均匀，加入低筋面粉后搅匀。

5 分多次加入奶油混合液（如图 5），加入芝士片，一起倒入锅中，煮至黏稠，待凉后装入裱花袋中。

6 取出面团，分成 4 个等量的面团，并揉至光滑，用保鲜膜包好放在一旁，松弛 15 分钟；取出松弛后的面团，稍微擀平，挤入裱花袋中的馅，平整成光滑的圆面团，摆放在烤盘上，发酵 50 分钟。烤箱以 180℃预热，烤盘置于烤箱中层，烘烤约 15 分钟即可。

胚芽脆肠面包

基础面包

材料

<1> 面团

高筋面粉	125 克	牛奶	20 毫升
细砂糖	15 克	水	70 毫升
酵母粉	2 克	无盐黄油	15 克
原味酸奶	15 克	盐	5 克
		小麦胚芽	8 克

<2> 其他

香肠	适量
番茄酱	适量
罗勒碎	适量

工具

30 厘米 × 41 厘米烤盘

步骤

1 将高筋面粉、细砂糖、酵母粉放入玻璃碗中，加入原味酸奶、牛奶和水，拌匀并揉成团。

2 加入无盐黄油和盐，通过揉和甩打，将面团慢慢混合均匀，包入小麦胚芽，继续揉均匀。

3 把面团放入玻璃碗中，盖上保鲜膜，发酵 20 分钟。

4 取出发酵好的面团，分成 4 等份并揉圆，喷少许水，松弛 10~15 分钟。

5 把面团分别用擀面杖擀成长圆形，由较长的一边开始卷成圆柱状，搓成约 30 厘米的长条。

6 其中一端搓尖，另一端往外推压变薄，尖端放置于压薄处，捏紧收口，放在烤盘上发酵 45 分钟；面团发酵好后，分别在中间放上香肠，表面挤上番茄酱；烤箱以上火 220℃、下火 190℃预热，烤盘置于烤箱中层，烤约 9 分钟，取出，在面包表面撒上罗勒碎即可。

基础面包

橄榄油乡村面包

材料

高筋面粉	130 克	橄榄油	15 毫升
全麦面粉	20 克	温水	100 毫升
酵母粉	2 克	麦芽糖	8 克
盐	5 克		

工具

30 厘米 × 41 厘米烤盘

步骤

1 将高筋面粉（预留 5~10 克）、全麦面粉、酵母粉放入玻璃碗中，搅匀。

2 倒入温水、橄榄油和麦芽糖，加入盐，拌匀，并揉成不粘手的面团。

3 取出面团，放在操作台上，继续揉至可以撑出薄膜的状态。

4 面团揉圆放入玻璃碗中，包上保鲜膜，发酵约 30 分钟。

5 取出面团，分割成 2 等份，分别揉圆，放在烤盘上，发酵 50 分钟（在发酵的过程中注意给面团保湿，每过一段时间可以喷少许水），在面团表面撒上剩下的高筋面粉，用刀在面团表面划出网状。

6 烤箱以上火 190℃、下火 195℃ 预热，烤盘置于烤箱中层，烤约 20 分钟至面包表面呈金黄色即可。

制作小贴士

可以依据面团的大小，判断面团发酵的程度和烤制时间。

欧陆红莓核桃面包

材料

高筋面粉	110 克	橄榄油	5 毫升
全麦面粉	12 克	盐	2.5 克
黑糖	5 克	红莓干（切碎）	8 克
酵母粉	2 克	核桃（切碎）	8 克
温水	83 毫升		

工具

30 厘米 × 41 厘米烤盘

步骤

1 黑糖倒入温水中，搅拌至溶化；将高筋面粉（剩 5 克高筋面粉）、全麦面粉、酵母粉放入玻璃碗中搅匀，倒入黑糖水、橄榄油和盐，拌匀，放在操作台上，揉成不粘手的面团。

2 加入核桃碎和红莓干碎，用刮刀将面团重叠切拌均匀，面团揉圆，放入玻璃碗中，包上保鲜膜，发酵 20 分钟。

3 取出发酵好的面团，分成 2 等份，并揉圆，表面喷少许水，松弛 10~15 分钟。

4 分别把 2 个面团擀成椭圆形，把面团两端向中间对折，卷起成橄榄形。

5 把整形好的面团放在烤盘上，发酵约 50 分钟（在发酵的过程中注意给面团保湿，每过一段时间可以喷少许水），发酵好后在面团表面撒上剩下的高筋面粉。

6 烤箱以上火 180℃、下火 175℃预热，烤盘置于烤箱中层，烤约 27 分钟，取出即可。

制作小贴士

已经发酵好的面包，准备烘烤时，可先在烤箱里喷上适量的水，再放入面包。

基础面包

芝麻小法国面包

材料

高筋面粉	180 克	水	135 毫升
全麦面粉	20 克	橄榄油	5 毫升
盐	4 克	熟黑芝麻	16 克
酵母粉	2 克		
细砂糖	10 克		

工具

30 厘米 × 41 厘米烤盘

【扫码学烘焙】

步骤

1 将高筋面粉、全麦面粉、盐、酵母粉和细砂糖放入玻璃碗中搅匀，加入水和橄榄油，拌匀。

2 面团放在操作台上，通过揉和甩打，将面团揉至光滑，加入熟黑芝麻，揉匀。

3 把面团放在玻璃碗中发酵 60 分钟。

4 取出发酵好的面团，分成 3 等份，揉圆，表面喷少许水，松弛 10~15 分钟。

5 用擀面杖把 3 个面团分别擀平成椭圆形，两端向中间对折，卷起成橄榄形，面团放在烤盘上，发酵 60 分钟，待发酵完后，分别在每个面团表面划一刀。

6 烤箱以上火 210℃、下火 180℃预热，烤盘置于烤箱中层，烤 16~18 分钟，取出即可。

制作小贴士

可以用黑芝麻粉替代黑芝麻粒，因为黑芝麻粉烤出的味道更香。

基础面包

天然南瓜面包

材料

<1> 面团

高筋面粉	270 克
低筋面粉	30 克
酵母粉	4 克
熟南瓜泥	200 克
蜂蜜	20 克
牛奶	30 毫升
无盐黄油	30 克
盐	2 克

<2> 表面装饰

南瓜子	适量

工具

30 厘米 ×41 厘米烤盘

步骤

1 把牛奶倒入南瓜泥中，加入蜂蜜，拌匀。

2 把高筋面粉、低筋面粉和酵母粉放入玻璃碗中，搅匀。

3 加入步骤 1 中的材料，拌匀并揉成团，揉匀。

4 加入盐和无盐黄油，继续揉至完全融合成为一个光滑的面团，放入玻璃碗中，盖上保鲜膜发酵 20 分钟。

5 取出面团，分成 6 等份，并揉圆，在表面喷少许水，松弛 10~15 分钟。

6 分别把面团稍压平，用剪刀在面团边缘均匀地剪出 6~8 个小三角形，去掉不要。

7 把面团均匀地放在烤盘上，发酵 50 分钟，待发酵好后，表面放上几颗南瓜子。

8 烤箱以上火 175℃、下火 170℃预热，烤盘置于烤箱中层，烤 16~18 分钟至面包表面呈金黄色即可。

【扫码学烘焙】

制作小贴士

在发酵的过程中需要注意给面团保湿，每过一段时间可以喷少许水。

基础面包

巧克力核桃面包

材料 🍚

高筋面粉	170 克	水	120 毫升
盐	2 克	入炉巧克力	30 克
酵母粉	2 克	核桃	20 克
无盐黄油	10 克		

工具 🧤

30 厘米 × 41 厘米烤盘

步骤 🖌

1 将高筋面粉、盐、酵母粉放入搅拌玻璃碗中，用手动打蛋器搅拌均匀，倒入水，用橡皮刮刀搅拌均匀后，手揉面团 15 分钟，至面团起筋。

2 在面团中加入无盐黄油，用手揉至无盐黄油被完全吸收。

3 面团放入碗中，盖上保鲜膜，发酵 15 分钟。

4 取出面团，加入入炉巧克力和核桃，揉匀，表面喷少许水，松弛 20 分钟，再将发酵好的面团擀平。

5 将其整成橄榄形，放在烤盘上发酵 30 分钟。

6 烤箱以上下火 180℃预热，烤盘置于烤箱中层，烘烤 25 分钟左右，至面包表面呈金黄色即可。

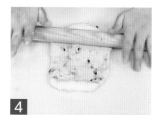

制作小贴士

面团盖上保鲜膜之后，发酵到比原来大 1.5 倍即可烘烤。

基础面包

葵花子无花果面包

材料

高筋面粉	90克	酵母粉	1克
葵花子	25克	盐	1克
无花果干(切块)	40克		
蜂蜜	5克		
芥花籽油	10毫升		
水	60毫升		

工具

30厘米×41厘米烤盘

步骤

1 酵母粉倒入装有水的碗中，搅拌均匀。

2 将高筋面粉倒入人玻璃碗中。

3 碗中倒入拌匀的酵母水、盐、芥花籽油、蜂蜜，用软刮刀将碗中材料翻拌成无干粉的面团。

4 取出面团放在操作台上，反复几次将面团往前揉扯至起筋，揉搓面团至光滑。

5 面团放在小玻璃碗中，盖上保鲜膜，静置发酵约 60 分钟。

6 撕开保鲜膜，取出面团放在操作台上，用刮板分切成 4 等份，静置约 15 分钟进行饧发。

7 将分切好的面团擀成长条形，放上无花果干，将面团滚圆。

8 面团刷上少许芥花籽油，粘裹上一层葵花子，放在铺有油纸的烤盘上，放入烤箱，静置发酵约 40 分钟；发酵好的面团放于已预热至 200℃的烤箱中层，烤约 15 分钟即可。

 制作小贴士

在发酵好的面团表面上，也可以选择刷上蛋液粘葵花子，这样面包香味更浓。

基础面包

马格利酒面包

材料

全麦面粉　　230 克
马格利酒　　200 毫升
蜂蜜　　　　20 克
干红枣（切碎）20 克
盐　　　　　2 克

工具

蛋糕模 1 个

步骤

1 将蜂蜜、盐倒入马格利酒中，边倒边搅拌均匀。

2 全麦面粉倒入大玻璃碗中，倒入步骤 1 中的材料，搅拌均匀成糊状。

3 取蛋糕模，铺上油纸，倒入拌匀的全麦面粉糊至六分满。

4 放上干红枣。

5 蒸锅注入适量水烧热，放入蛋糕模，盖上锅盖，用中火蒸约 30 分钟至熟软，即成马格利酒面包。

6 取出蒸好的马格利酒面包，脱模后装盘即可。

制作小贴士

红枣可以选择用糖水煮至入味，再放在蛋糕糊表面，味道更佳。

水果干面包

材料

全麦面粉	150 克	核桃	10 克
蔓越莓干	15 克	盐	15 克
芥花籽油	10 毫升	酵母粉	1 克
水	50 毫升	豆浆	少许

工具

30 厘米 × 41 厘米烤盘

步骤

1 酵母粉倒入装有水的碗中，搅拌均匀；全麦面粉倒入大玻璃碗中，再倒入拌匀的酵母水、芥花籽油、盐。

2 用软刮刀将碗中材料翻拌成无干粉的面团。

3 取出面团放在操作台上，反复几次将面团往前揉扯至起筋，揉搓面团至光滑。

4 轻轻按扁面团，放上蔓越莓干、核桃，继续揉搓一会儿，搓圆。

5 面团放回大玻璃碗中，盖上保鲜膜，静置发酵约 60 分钟。

6 撕开保鲜膜，取出面团放在操作台上，撒上少许面粉，用擀面杖轻轻擀一下，将面团卷起，搓搓成长条，长条面团放在铺有油纸的烤盘上；烤盘放入烤箱，让长条面团静置 40 分钟，进行第二次发酵；在发酵好的面团上刷上豆浆，烤盘放入已预热至 200℃的烤箱中层，烤约 25 分钟即可。

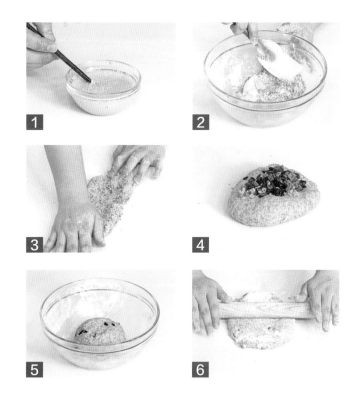

制作小贴士

水可以用豆浆直接代替，水分的多少由全麦的占比决定，所以加水的时候要分次加。

 基础面包

菠萝面包

材料 _____

<1> 菠萝酥皮

低筋面粉	40 克
杏仁粉	10 克
蜂蜜	12 克
芥花籽油	20 毫升
花生酱	10 克
泡打粉	1 克

<2> 面包

高筋面粉	75 克
蜂蜜	10 克
豆浆	60 毫升
酵母粉	1 克
芥花籽油	5 毫升
盐	1 克

工具

30 厘米 × 41 厘米烤盘

步骤

1 将 <1> 中花生酱、芥花籽油、蜂蜜倒入大玻璃碗中，用软刮刀搅拌均匀。

2 泡打粉、杏仁粉、低筋面粉过筛至碗中，用软刮刀翻拌成无干粉的面团。

3 操作台上铺上保鲜膜，放上面团，用保鲜膜包裹面团，冷藏待用。

4 将 <2> 中酵母粉倒入装有豆浆的碗中，搅拌均匀；高筋面粉、盐、芥花籽油倒入大玻璃碗中，再倒入拌匀的豆浆，用软刮刀翻拌成无干粉的面团。

5 取出面团，放在操作台上，反复甩打面团至起筋，揉搓至面团光滑。

6 面团放回大玻璃碗中，盖上保鲜膜，静置发酵约 30 分钟，撕开保鲜膜，取出面团放在操作台上。

7 用刮板将面团分切成 60 克一个的 4 等份，切好的面团收口，搓圆，即成面包坯。

8 搓好的面包坯放在铺有油纸的烤盘上，将步骤 3 中冷藏好的面团取出，撕开保鲜膜，用刮板分切成 20 克一个的面团，即成酥皮坯；酥皮坯用手压扁后放在面包坯上，静置发酵约 20 分钟；烤盘放入已预热至 180℃ 的烤箱中层，烤约 20 分钟即可。

制作小贴士

制作菠萝酥皮时可以用擀面杖擀薄，盖在面团上，这样吃起来口感更佳。

 基础面包

大蒜全麦面包

材料

<1> 面团

高筋面粉	105 克
全麦面粉	45 克
海藻糖	2 克
盐	2 克
酵母粉	3 克

| 冰水 | 105 毫升 |
| 无盐黄油 | 15 克 |

<2> 内馅

软化的无盐黄油	40 克
蒜末	3 克
干香葱碎	少许

工具

30 厘米 ×41 厘米烤盘

步骤 🧤

1 将高筋面粉、全麦面粉、酵母粉、海藻糖、盐倒入碗中，用手动打蛋器搅拌均匀，倒入冰水，用橡皮刮刀翻拌均匀，用手揉成团。

2 取出面团，放在干净的操作台上，并反复揉扯拉长，卷起。

3 收口朝上，面团揉长，放上无盐黄油<1>，收口、揉匀，甩打几次，再次收口，将其揉成面团。

4 面团放回至大玻璃碗中，封上保鲜膜，静置发酵约30分钟。

5 撕开保鲜膜，取出面团，用刮板分成4等份，收口、搓圆。

6 面团擀成长舌形，按压一边使其固定，从另一边开始翻压、卷起，收口后滚成橄榄形。

7 取烤盘，铺上油纸，放上面团，烤盘放入已预热至30℃的烤箱中层，静置发酵约30分钟，取出。

8 用刀片在面团正中间划开一道口子。

9 将软化的无盐黄油挤入口子中。

10 倒上蒜末、干香葱碎，放入已预热至190℃的烤箱中层，烘烤约18分钟即可。

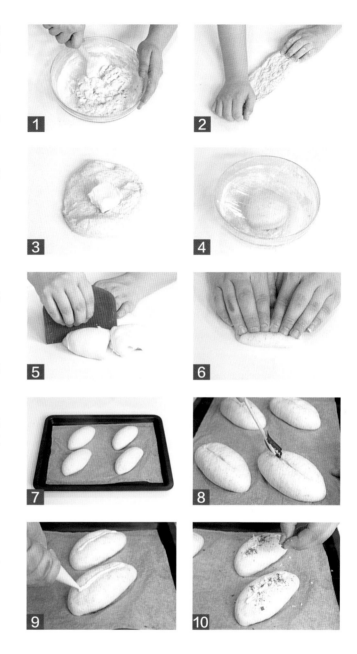

制作小贴士

刀片在面团正中间划开一道口子时，注意速度要快，这样线条才会顺畅。

北海道炼乳棒

材料 🍚

<1> 面团

高筋面粉	108 克	原味酸奶	10 克
盐	2 克	牛奶	15 毫升
海藻糖	2 克	水	60 毫升
酵母粉	2 克	无盐黄油	5 克

<2> 炼乳馅

无盐黄油	30 克
炼奶	8 克
海藻糖	1 克
朗姆酒	3 毫升

工具 🧤

30 厘米 × 41 厘米烤盘

步骤 🖌

1 将 <1> 中高筋面粉、海藻糖和酵母粉放入玻璃碗中搅匀,加入原味酸奶、牛奶和水,用橡皮刮刀由内向外搅拌至材料完全融合,取出面团放在操作台上,揉至起筋。

2 加入无盐黄油 <1> 和盐,通过揉和甩打,混合成光滑的面团,把面团放入玻璃碗中,盖上保鲜膜发酵 20 分钟。

3 取出发酵好的面团,分成 3 等份,揉圆,表面喷少许水,松弛 10~15 分钟。把面团擀成长圆形,由较长的一边开始卷起成圆筒状,稍压扁,圆筒两端收口捏紧,均匀地放在烤盘上,发酵 50 分钟。把 <2> 中的所有材料放入大碗中,用电动打蛋器打发成膨松羽毛状。

4 取一个裱花袋装上圆齿形裱花嘴,把打发好的炼乳馅装入裱花袋中备用。

5 待面团发酵完后,用小刀在面团表面斜划 3 刀。烤箱以上火 220℃、下火 180℃预热,烤盘置于烤箱中层,烤约 10 分钟至面包表面金黄,取出凉凉。

6 用刀从面包的侧面切开,注意不要切断,在切面挤上适量的炼乳馅,即可食用。

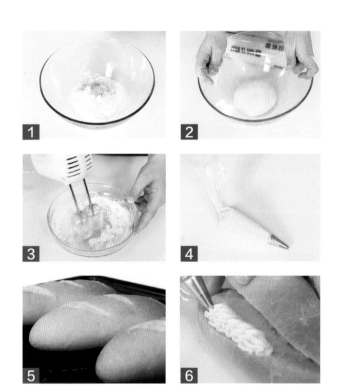

全麦鲜奶卷

材料

高筋面粉	135 克	牛奶	110 毫升
全麦面粉	10 克	无盐黄油	18 克
酵母粉	3 克	盐	1 克
海藻糖	1 克		

工具

30 厘米 × 41 厘米烤盘

步骤

1 将高筋面粉、全麦面粉、酵母粉和海藻糖放入玻璃碗中，搅匀。

2 加入牛奶（剩 5 毫升），拌匀并揉成团；把面团取出，放在操作台上，继续揉匀。

3 加入盐和无盐黄油，继续揉至材料完全融合成为一个光滑的面团，放入玻璃碗中，盖上保鲜膜，发酵 15 分钟。

4 取出面团，分成 4 等份，分别揉圆，搓成长条的水滴形，表面喷少许水，松弛 10~15 分钟。

5 用擀面杖从面团的一端往另一端擀平。

6 面团卷起，底部捏合，均匀地放在烤盘上，发酵 45 分钟（在发酵的过程中注意给面团保湿，每过一段时间可以喷少许水），在发酵好的面团表面刷上剩下的牛奶，烤箱以上火 170℃、下火 165℃预热，烤盘置于烤箱中层，烤 18~20 分钟至面包表面呈金黄色即可。

滋味肉松卷

材料

<1> 面团

高筋面粉	170 克
即食燕麦片	20 克
酵母粉	2 克
海藻糖	1 克
牛奶	120 毫升
鸡蛋	1 个
盐	1 克
无盐黄油	22 克

<2> 馅料

肉松	50 克
芝士碎	40 克

<3> 表面装饰

全蛋液	适量
香草	适量

工具

30 厘米 × 41 厘米烤盘

步骤

1 将高筋面粉、即食燕麦片、酵母粉和海藻糖放入玻璃碗中，搅匀。

2 加入鸡蛋、牛奶，拌匀并揉成团；把面团取出，放在操作台上，揉匀，加入盐和无盐黄油，继续揉至完全融合成为一个光滑的面团，放入玻璃碗中，盖上保鲜膜，发酵 15 分钟。

3 取出面团，稍压扁，用擀面杖擀成方形。

4 在面团表面撒上芝士碎和肉松，卷起面团成柱状，两端收口捏紧，底部捏合。

5 用刀切成 6 等份，均匀地放在烤盘上发酵 15 分钟（在发酵的过程中注意给面团保湿，每过一段时间可以喷少许水）。完成发酵后，在面团表面刷一层全蛋液并撒上香草。

6 烤箱以上火 180℃、下火 190℃预热，烤盘放入烤箱中层，烤 18~20 分钟至面包表面呈金黄色即可。

燕麦肉桂卷

材料

高筋面粉	125 克	碧根果仁	20 克	酵母粉	2 克
燕麦粉	35 克	芥花籽油	15 毫升	盐	2 克
蜂蜜	15 克	肉桂粉	1 克	水	100 毫升

工具

30 厘米 × 41 厘米烤盘

步骤

1 酵母粉倒入装有水的碗中，拌匀；高筋面粉、燕麦粉、盐倒入大玻璃碗中，倒入芥花籽油、蜂蜜（剩5克）、拌匀的酵母水，用软刮刀将大玻璃碗中的材料翻拌成无干粉的面团，用手揉搓几下，取出面团，放在操作台上，揉搓、甩打面团至起筋，继续揉搓至面团光滑。

2 面团放入干净的玻璃碗中，盖上保鲜膜，静置发酵约 30 分钟，撕开保鲜膜，取出面团放在操作台上，用擀面杖将面团擀成长片状，用手往回按压面团一边。

3 肉桂粉倒入剩余蜂蜜中，搅拌均匀。

4 用刷子将拌匀的蜂蜜肉桂粉刷在面团表面，在面团上撒上碧根果仁，面团往回卷起成圆柱状。

5 用刮板将圆柱状的面团分切成 4 等份的梯形面团。

6 梯形面团放在铺有油纸的烤盘上，用筷子在面团中间按压下去，静置发酵约 30 分钟，烤盘放入已预热至 180℃的烤箱中层，烤约 20 分钟即可。

特色面包

全麦椒盐饼圈

材料

高筋面粉	50 克	芥花籽油	7 毫升	酵母粉	2 克
燕麦粉	25 克	盐	2 克	水	45 毫升
蜂蜜	4 克	黑胡椒碎	1 克		

工具

30 厘米 × 41 厘米烤盘

步骤

1 酵母粉倒入装有水的碗中，搅拌均匀；高筋面粉、燕麦粉、盐、芥花籽油、蜂蜜倒入大玻璃碗中，倒入拌匀的酵母水、黑胡椒碎。

2 用软刮刀将大玻璃碗中的材料翻拌成无干粉的面团。

3 取出面团放在操作台上，继续揉搓一会儿，反复几次；将面团往前揉扯至起筋，揉搓面团至光滑。

4 面团放回大玻璃碗中，盖上保鲜膜，静置发酵约 15 分钟。

5 撕开保鲜膜，取出面团放在操作台上，用刮板将面团切成两个，每个约重 130 克，切好的面团收口、搓圆。

6 用擀面杖将面团擀成长片状的面皮，往回卷起成圆柱状；将圆柱状的面团搓长，两端交叠在面团上呈爱心形，即成椒盐饼圈坯；椒盐饼圈坯放在铺有油纸的烤盘上，移入烤箱，静置约 30 分钟，取出烤盘；烤箱预热至 200℃，烤盘放入烤箱中层，烤约 20 分钟即可。

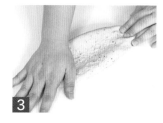

制作小贴士

可根据个人口味，增加或减少盐和黑胡椒碎的量。

特色面包

全麦核桃贝果

材料

<1> 面团

高筋面粉	125 克
全麦面粉	20 克
核桃	30 克
海藻糖	2 克
全蛋（1 个）	55 克
酵母粉	3 克
盐	2 克
水	45 毫升

<2> 汆烫糖水

细砂糖	50 克
水	500 毫升

工具

30 厘米 × 41 厘米烤盘

步骤 🧤

1 将高筋面粉、酵母粉、盐、海藻糖、全麦面粉倒入大玻璃碗中，用手动打蛋器搅拌均匀。

2 倒入水 <1>、全蛋，用橡皮刮刀翻压成团，用手揉几下。

3 取出放在干净的操作台上，反复揉扯、翻压、甩打，揉搓至光滑。

4 面团按扁，放上核桃碎，揉几下，用刮板切成几块后翻压、搓圆。

5 面团放回至大玻璃碗中，封上保鲜膜，常温静置发酵 10~15 分钟。

6 撕开保鲜膜，用手指搓一下面团的正中间，以面团没有迅速复原为发酵好的状态；取出面团，用刮板分成 4 等份，收口、搓圆，盖上保鲜膜，松弛发酵 10 分钟；撕开保鲜膜，用擀面杖将面团擀成长舌形，按压长的一边使其固定，从另一边开始卷成条。

7 按压条形面团的一端使其固定，由另一端开始将面团卷成首尾相连的圈，放在比面团稍大的油纸上，即成全麦核桃贝果坯。

8 锅中倒入水 <2>、细砂糖，用中火煮至沸腾，放入全麦核桃贝果坯，两面各烫 20 秒，翻面前取走油纸，捞出沥干水分，放在铺有油纸的烤盘上；烤盘放入已预热至 180℃的烤箱中层，烘烤约 15 分钟后，转 190℃，再烘烤约 8 分钟即可。

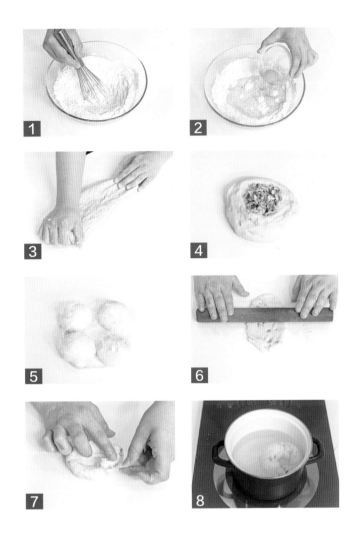

制作小贴士

全麦核桃贝果坯放入锅中翻的时候，力度需要轻一点儿，不然会造成泄气。

黄金胚芽吐司

材料

高筋面粉	320 克	水	200 毫升
小麦胚芽	20 克	无盐黄油	20 克
细砂糖	20 克	盐	2 克
原味酸奶	45 克	酵母粉	4 克
牛奶	45 毫升		

工具

450 克吐司模

步骤

1 将高筋面粉、小麦胚芽、细砂糖、酵母粉放入玻璃碗中搅匀，加入原味酸奶、牛奶和水，拌匀并揉成团。

2 加入无盐黄油和盐，通过揉和甩打，将面团混合均匀。

3 面团放入玻璃碗中，盖上保鲜膜，发酵20分钟。

4 取出发酵好的面团，分成2等份并揉圆，表面喷少许水，松弛10~15分钟，2个面团分别擀成长圆形，面团由外侧向内开始卷起成柱状，两端收口捏紧，面团旋转90°，擀成长圆形。重复此步骤4~5次。

5 把面团均匀地放在吐司模中，盖上盖子，发酵120分钟（在发酵的过程中注意给面团保湿，每过一段时间可以喷少许水），发酵至面团顶住盖子。

6 吐司模放在烤盘上，烤箱以上火220℃、下火240℃预热，烤盘置于烤箱中层，烤35~40分钟，取出晾凉即可。

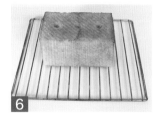

糙米蛋糕系列

巧克力大理石吐司

材料

高筋面粉	240 克	无盐黄油	15 克
海藻糖	2 克	盐	5 克
酵母粉	2 克	巧克力酱	50 克
原味酸奶	25 克	（装入裱花袋中备用）	
牛奶	25 毫升		
水	150 毫升		

工具

450 克吐司模

【扫码学烘焙】

步骤

1 将高筋面粉、海藻糖、酵母粉放入玻璃碗中搅匀，加入原味酸奶、牛奶和水，拌匀并揉成团，加入无盐黄油和盐，通过揉和甩打使材料完全融合。

2 面团混合均匀，把面团放入玻璃碗中，盖上保鲜膜，发酵 20 分钟，取出发酵好的面团，稍压扁后用擀面杖擀成长方形。

3 在面团中间均匀地挤上一排巧克力酱。

4 面团对折，用刮板在表面切两刀，切断一边，另一边不要切断。

5 用编辫子的手法把面团编成辫子的形状。

6 放入吐司模中，发酵 90 分钟（在发酵的过程中注意给面团保湿，每过一段时间可以喷少许水）至八分满模，将吐司模放在烤盘上。烤箱以上火 190℃、下火 200℃预热，烤盘置于烤箱中层，烤 35 分钟取出即可。

制作小贴士

要根据每个吐司的大小判断温度和烘烤时间，吐司表面易上色的话要降火，调节温度。

吐司

葡萄干吐司

材料

高筋面粉	250 克	原味酸奶	25 克	葡萄干	50 克
盐	5 克	牛奶	30 毫升	红酒	5 毫升
细砂糖	10 克	水	150 毫升		
酵母粉	3 克	无盐黄油	15 克		

工具

450 克吐司模

步骤

1 将高筋面粉、盐、细砂糖、酵母粉放入搅拌玻璃碗中，用手动打蛋器搅拌均匀，倒入水、牛奶、原味酸奶、红酒继续搅拌，至液体材料与粉类材料完全融合。

2 用橡皮刮刀搅拌，用手揉成面团，揉约15分钟，至面团起筋；在面团中加入无盐黄油，用手揉至无盐黄油被吸收为止，成光滑的面团。

3 加入葡萄干揉均匀后，将面团放入搅拌玻璃碗中，盖上保鲜膜，表面喷少许水，松弛约15分钟。

4 取出面团，分成2等份的面团，揉至光滑，并搓成圆形。

5 面团先用擀面杖擀平冉卷成圆柱形，放进吐司模中压好，室温发酵60分钟（在发酵的过程中注意给面团保湿，每过一段时间可以喷少许水）。

6 吐司模放在烤盘上，烤箱以上、下火180℃预热，烤盘置于烤箱中层，烘烤25分钟左右，至面包表面呈金黄色即可。

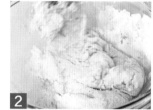

【扫码学烘焙】

吐司

蜂蜜燕麦吐司

材料

高筋面粉	125 克
燕麦粉	50 克
碧根果仁	20 克
蜂蜜	15 克
芥花籽油	20 毫升
酵母粉	1 克
盐	2 克

工具

450 克吐司模

步骤

1 酵母粉倒入装有水的碗中，搅拌均匀；高筋面粉、燕麦粉、盐倒入大玻璃碗中，倒入拌匀的酵母水、芥花籽油、蜂蜜。

2 用软刮刀将碗中的材料翻拌成无干粉的面团，用手揉搓几下。

3 取出面团放在操作台上，反复甩打面团至起筋，揉搓至面团光滑。

4 面团放回大玻璃碗中，盖上保鲜膜，静置发酵约30分钟，撕开保鲜膜，取出面团放在操作台上，用刮板对半切成重量一致的2等份。

5 用收口的方式将面团收圆，用擀面杖擀成长片状；将长片面团往回卷起成圆柱形，往表面喷点水，静置约10分钟。

6 将面团再次擀成长片状，放上碧根果仁，将面团往回卷起，成圆柱状，即成蜂蜜燕麦吐司坯。

7 蜂蜜燕麦吐司坯放入吐司模具中，室温下静置发酵约50分钟，用刷子在发酵好的蜂蜜燕麦吐司坯上刷一层芥花籽油。

8 放入预热至200℃的烤箱中层，烤约30分钟，取出烤好的蜂蜜燕麦面包，脱模即可。

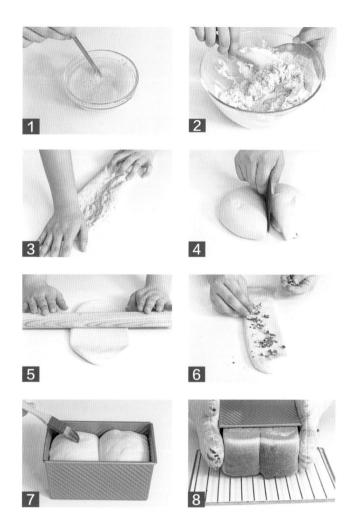

 制作小贴士

在吐司烤好之后即可脱模，这样可防止热气散发不出去而把吐司闷烂。

PART 4

酥酥脆脆，烤出香甜可口的低糖饼干

饼干——小巧可爱、便于携带的特征让其成为备受大众欢迎的食物。

本章精选 30 款造型百变、酥脆香甜的饼干，好吃又好看。

基础饼干

核桃焦糖饼干

材料

<1> 饼干体

无盐黄油	40 克	低筋面粉	50 克	淡奶油	10 克
海藻糖	2 克	杏仁粉	10 克	蜂蜜	5 克
盐	1 克			核桃	25 克
鸡蛋液	5 克				

<2> 焦糖核桃

无盐黄油	20 克
海藻糖	1 克

工具

30 厘米 × 41 厘米烤盘

步骤

1 将 <1> 中的无盐黄油与海藻糖混合拌匀，倒入鸡蛋液，继续搅拌均匀。

2 筛入低筋面粉、杏仁粉、盐，用橡皮刮刀搅拌均匀，用手轻轻揉成光滑的面团（注意揉的时候不要过度，面团容易出油）。

3 揉好的面团包上保鲜膜，放入冰箱冷藏约 30 分钟，取出面团，用擀面杖擀成厚度约 4 毫米的面片。

4 撕开保鲜膜后，将面片放置在贴好油纸的烤盘上，准备一个小叉子，将饼干坯戳若干个透气孔，烤箱上、下火 150℃预热，烤盘置于烤箱的中层，烘烤 15 分钟。

5 将 <2> 中的无盐黄油和海藻糖煮至微微焦黄，倒入淡奶油和蜂蜜，加入核桃，搅拌均匀。

6 焦糖核桃放在烘烤好的饼干底上，用橡皮刮刀抹平，放入烤箱，以 150℃烘烤 15 分钟，晾凉，切成正方形的饼干即可食用。

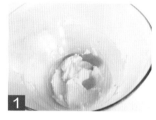

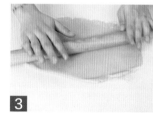

基础饼干

花样坚果饼干

材料

<1> 饼干体

无盐黄油	35 克	蛋黄	40 克
花生酱	15 克	低筋面粉	60 克
海藻糖	1 克	杏仁粉	25 克
盐	1 克	可可粉	5 克
		牛奶	7.5 毫升

<2> 装饰

蛋白	30 克
核桃碎	40 克
杏仁	适量
草莓果酱	适量

工具

30 厘米 ×41 厘米烤盘

步骤

1 无盐黄油和花生酱放入搅拌玻璃碗中，搅打均匀。

2 加入海藻糖和盐，搅拌均匀。

3 倒入蛋黄、牛奶，每倒入一样都需要搅拌均匀。

4 依次加入低筋面粉、杏仁粉、可可粉，用橡皮刮刀搅拌至无干粉，用手轻轻揉成光滑的面团（注意揉的时候不要过度，面团容易出油）。

5 面团包上一层保鲜膜，放入冰箱冷藏 1 小时，取出，将面团分成每个 15 克的饼干坯，揉圆备用。

6 面团压扁，取杏仁放在表面，蘸上蛋白、裹上核桃碎做装饰，烤箱以上、下火 180℃预热，烤盘置于烤箱中层，烘烤 15 分钟，取出后可以在裹上核桃碎的饼干中心装饰草莓果酱即可。

【扫码学烘焙】

口袋地瓜饼干

基础饼干

材料

<1> 饼干体

无盐黄油	50 克
海藻糖	2 克
盐	1 克
鸡蛋液	30 克

低筋面粉	120 克
泡打粉	1 克

<2> 内馅

地瓜泥	75 克
牛奶	12 毫升

蜂蜜	8 克

工具

30 厘米 ×41 厘米烤盘

步骤

1 无盐黄油压软，搅拌均匀。

2 加入海藻糖，搅拌均匀；加入泡打粉和盐，搅拌均匀；倒入鸡蛋液，搅拌均匀。

3 筛入低筋面粉，用橡皮刮刀搅拌至无干粉，用手轻轻揉成光滑的面团（注意揉的时候不要过度，面团容易出油），面团分成每个 30 克的饼干坯，揉圆备用。

4 牛奶倒入准备好的地瓜泥中，倒入蜂蜜一起搅拌均匀，做成馅料后装入裱花袋里。

5 用手指在饼干坯的中央压出一个凹洞，挤入馅料，收口捏紧朝下，放在烤盘上，稍稍按扁。

6 烤箱以上、下火 180℃预热，烤盘置于烤箱的中层，烘烤 13 分钟即可。

制作小贴士

饼干坯中装入的内馅不要过多，否则容易露馅，影响美观。

基础饼干

蜂蜜碧根果饼干

材料

低筋面粉	90 克
芥花籽油	30 毫升
水	20 毫升
蜂蜜	30 克
碧根果	20 克
泡打粉	1 克
盐	0.5 克

工具

爱心饼干压模

步骤

1 用擀面杖将碧根果捣碎。

2 芥花籽油、蜂蜜、水、盐倒入大玻璃碗中，用手动打蛋器搅拌均匀。

3 将低筋面粉、泡打粉过筛至碗里。

4 碗中倒入捣碎的碧根果，用软刮刀翻拌成无干粉的面团。

5 在操作台上铺上保鲜膜，放上面团，用擀面杖将面团擀成厚薄一致的薄面皮，用爱心模具按压出数个饼干坯。

6 取下饼干坯，放在铺有油纸的烤盘上，烤盘放入已预热至150℃的烤箱中层，烤约13分钟即可。

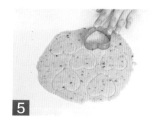

制作小贴士

如果面糊太难取出的话，可放入冰箱冷冻5分钟，这样就可以轻易取出。

 基础饼干

豆乳饼

材料

低筋面粉	75 克	泡打粉	1 克
豆乳	22 毫升	黑芝麻	10 克
蜂蜜	18 克	盐	适量
红豆馅	适量		
芥花籽油	15 毫升		
香草油	1 毫升		

工具

30 厘米 × 41 厘米烤盘

步骤 🧤

1 蜂蜜、芥花籽油、盐、豆乳、香草油倒入大玻璃碗中，用手动打蛋器搅拌均匀。

2 低筋面粉、泡打粉过筛至碗里，以软刮刀翻拌成无干粉的面团。

3 摘取约 35 克的面团搓圆、按扁，放入约 20 克的红豆馅，包裹起来后搓成栗子形状。

4 在底部粘上一层黑芝麻，即成豆乳饼坯，依照此法完成剩余的面团。将豆乳饼坯放在铺有油纸的烤盘上，烤盘放入已预热至 170℃ 的烤箱中层，烤约 20 分钟至上色即可。

1

2

3

4

制作小贴士

如果黑芝麻粘不上面团的话，可以刷点水在面团上，再粘黑芝麻。

基础饼干

巧克力豆饼干

材料

亚麻籽油	30 毫升	苏打粉	2 克
低筋面粉	100 克	泡打粉	1 克
豆浆	25 毫升	盐	适量
核桃碎	30 克		
巧克力豆(切碎)	40 克		
蜂蜜	20 克		

工具

30 厘米 × 41 厘米烤盘

步骤

1 亚麻籽油、豆浆、蜂蜜、盐倒入大玻璃碗中，用手动打蛋器搅拌均匀。

2 将低筋面粉、泡打粉、苏打粉过筛至碗里，用软刮刀翻拌成无干粉的面团。

3 倒入巧克力碎、核桃碎，继续翻拌均匀。

4 摘取约 30 克的面团用手揉搓成小的圆形面团，压扁，放在铺有油纸的烤盘上，烤盘放入已预热至 180℃ 的烤箱中层，烤约 10 分钟至上色即可。

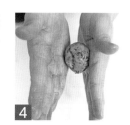

制作小贴士

可以在面团中稍微加点白兰地，这样可以中和豆乳的味道。

基础饼干

牛油果燕麦饼干

材料

低筋面粉	60 克	盐	0.5 克
即食燕麦	60 克	蔓越莓干	30 克
牛油果泥	50 克	碧根果碎	30 克
亚麻籽油	40 毫升	苏打粉	1 克
蜂蜜	25 克	泡打粉	1 克
肉桂粉	1 克	椰子粉	2 克
柠檬汁	2 毫升		

工具

30 厘米 × 41 厘米烤盘

步骤

1 将亚麻籽油、牛油果泥、蜂蜜、柠檬汁、盐倒入大玻璃碗中，用手动打蛋器搅拌均匀。

2 将低筋面粉、泡打粉、苏打粉、肉桂粉过筛至碗里。

3 倒入椰子粉，用软刮刀翻拌成无干粉的面团。

4 倒入蔓越莓干、碧根果碎、即食燕麦，翻拌均匀。

5 摘取约30克的面团用手揉搓成小的圆形面团，压扁，放在铺有油纸的烤盘上。

6 烤盘放入已预热至180℃的烤箱中层，烤约10分钟至上色，即成牛油果燕麦饼干。

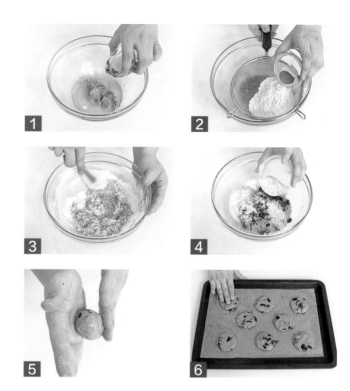

制作小贴士

一般饼干处于压得不是很扁的状态，中心都会变软，遇到这种情况要降低温度，在烤箱里多烤几分钟再拿出。

土豆西蓝花饼干

材料

低筋面粉	80 克	黑胡椒碎	0.5 克
熟土豆	60 克	苏打粉	1 克
西蓝花（切碎）	22 克		
蜂蜜	18 克		
豆浆	15 毫升		
盐	0.5 克		
葡萄籽油	适量		

工具

圆形饼干压模

30 厘米 ×41 厘米烤盘

步骤

1 将熟土豆、盐、蜂蜜、黑胡椒碎放入大玻璃碗中。

2 将材料搅拌均匀。

3 倒入葡萄籽油、豆浆，用手动打蛋器搅拌均匀。

4 低筋面粉、苏打粉过筛至碗里，搅拌成无干粉的面团。

5 倒入西蓝花碎，用手按压均匀。

6 取出面团，放在铺有保鲜膜的操作台上，用擀面杖将面团擀成厚薄一致的面皮。

7 用圆形模具按压出数个饼干坯，用叉子在饼干坯上叉出一些小孔。

8 饼干坯放在铺有油纸的烤盘上，烤盘移入已预热至160℃的烤箱中层，烤约20分钟即可。

制作小贴士

西蓝花用水煮熟，放入凉水中，捞出沥干水分，再用厨房纸吸干水分再加入面团中。

澳洲坚果可可饼干

材料

全麦面粉	65 克	盐	0.5 克
豆浆	25 毫升	苏打粉	0.5 克
蔓越莓干	30 克	泡打粉	1 克
澳洲坚果	30 克		
亚麻籽油	30 毫升		
蜂蜜	20 克		
可可粉	15 克		
即食燕麦	适量		

工具

30 厘米 ×41 厘米烤盘

步骤

1 将豆浆、亚麻籽油、蜂蜜、盐倒入大玻璃碗中，用手动打蛋器搅拌均匀；再将全麦面粉、即食燕麦、泡打粉、苏打粉倒入碗中，用软刮刀翻拌至无干粉。

2 倒入可可粉，继续翻拌均匀。

3 倒入澳洲坚果、蔓越莓干，用手揉搓成面团。

4 摘取约 30 克的面团，用手揉搓成小的圆形面团，压扁，放在铺有油纸的烤盘上，即成饼干坯；烤盘放入已预热至 180℃ 的烤箱中层，烤约 10 分钟至饼干上色，待时间到，取出烤好的饼干装入盘中即可。

 制作小贴士

如果有些蔓越莓果肉粒很大的话，建议切碎之后再加入面糊中。

基础饼干

无花果燕麦饼干

材料

低筋面粉	45 克	泡打粉	1 克
燕麦粉	35 克	盐	0.5 克
蜂蜜	20 克		
碧根果粉	15 克		
半干无花果	适量		
亚麻籽油	30 毫升		

工具

30 厘米 ×41 厘米烤盘

步骤

1 将亚麻籽油、蜂蜜、盐倒入大玻璃碗中，用手动打蛋器搅拌均匀。

2 碧根果粉、燕麦粉倒入碗中。

3 低筋面粉、泡打粉过筛至碗中，用软刮刀翻拌成无干粉的面团。

4 摘取约 20 克的面团用手揉搓成小的圆形面团，压扁，放在铺有油纸的烤盘上，半干无花果按压进面团里，即成饼干坯；烤盘放入预热至 180℃的烤箱中层，烤约 20分钟即可。

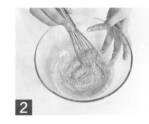

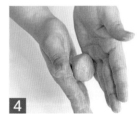

制作小贴士

如果没有碧根果粉的话，也可以用杏仁粉代替。

基础饼干

薯泥饼干

材料

饼干体

低筋面粉	150 克
盐	1 克
小苏打	1 克
土豆泥	55 克
橄榄油	45 毫升
比萨草	适量

预先准备

土豆切块，煮约 15 分钟后，用叉子碾成泥状

工具

30 厘米 ×41 厘米烤盘

👉【扫码学烘焙】

步骤

1 过筛低筋面粉到玻璃碗中，加入盐和小苏打，搅拌均匀，倒入橄榄油，继续搅拌均匀。

2 预先准备好的土豆泥加入到面团中，搅拌均匀。

3 加入比萨草，揉成光滑的面团。

4 用擀面杖将面团擀成厚度约4毫米的面片。

5 用刀将面片切成正方形的饼干坯，移入烤盘中。

6 烤箱以上、下火 180 ℃ 预热，烤盘置于烤箱的中层，烘烤 12 分钟即可。

制作小贴士

饼干坯擀得越薄，口感越香，不过烤箱温度要根据厚薄先定时间，越薄时间越短。

曲奇

海盐小麦曲奇

材料

无盐黄油	40 克	牛奶	10 毫升
黄细砂糖	10 克	低筋面粉	60 克
盐	1 克	小麦面粉	15 克
泡打粉	1 克		

工具

长方形饼干模具

30 厘米 × 41 厘米烤盘

【扫码学烘焙】

步骤

1 将无盐黄油、牛奶倒入搅拌玻璃碗中，用手动打蛋器或者橡皮刮刀搅拌均匀，加入黄细砂糖，搅拌均匀。

2 加入小麦面粉、泡打粉、盐，搅拌均匀。

3 筛入低筋面粉，用橡皮刮刀继续搅拌至无干粉，用手轻轻揉成光滑的面团。

4 制好的面团放入长方形饼干模具中，入冰箱冷冻约 30 分钟。

5 拿出长方形饼干模具，取出面团，切成厚度约 5 毫米的饼干坯，放在烤盘上。

6 烤箱以上、下火 180℃预热，烤盘置于烤箱中层，烘烤 13 分钟即可。

1

2

3

4

5

6

制作小贴士

黄细砂糖有大颗粒没有散开，所以需要过筛。

蓝莓司康饼

材料

低筋面粉	165 克	盐	0.5 克
蓝莓干	40 克	泡打粉	2 克
芥花籽油	30 毫升	水	70 毫升
蜂蜜	20 克		
柠檬汁	8 毫升		
柠檬皮碎	1 克		

工具 👋

30 厘米 ×41 厘米烤盘

步骤 🧤

1 将芥花籽油、水、蜂蜜、柠檬汁倒入大玻璃碗中，用手动打蛋器搅拌均匀，倒入柠檬皮碎、盐，搅拌均匀。

2 泡打粉、低筋面粉过筛至碗中，用软刮刀翻拌成无干粉的面团。

3 取出面团放在操作台上揉搓一会儿，按扁，放上蓝莓干。

4 继续揉搓至面团光滑。

5 用刮板将面团分切成 8 等份。

6 取烤盘，铺上油纸，放上分切好的面团，烤盘放入已预热至 180℃的烤箱中层，烤约 20 分钟即可。

制作小贴士

　　蓝莓干先用热水泡开，再放进面团中更佳。

司康

杏仁酸奶司康

材料 🍚

无盐黄油	55 克	泡打粉	3 克
海藻糖	2 克	盐	2 克
杏仁片	35 克	原味酸奶	30 克
朗姆酒	5 毫升	牛奶	15 毫升
淡奶油	50 克		
低筋面粉	145 克		

工具 🧤

30 厘米 ×41 厘米烤盘

步骤 🥄

1 室温软化的无盐黄油放入搅拌玻璃碗中，用手动打蛋器稍打一下，加入海藻糖，搅打至膨松发白，倒入朗姆酒、牛奶搅拌均匀，倒入原味酸奶，继续搅拌。

2 加入杏仁片，搅拌均匀。

3 加入盐、泡打粉，倒入淡奶油，搅拌均匀。

4 筛入低筋面粉，搅拌均匀，用手轻轻揉成光滑的面团。

5 轻轻拍打面团，再擀成圆面饼，用刮板将圆面饼分成 8 等份。

6 放进预热 180℃的烤箱中，烘烤 15 分钟，拿出烤盘调转 180°，烘烤 10 分钟即可。

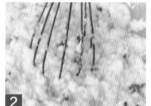

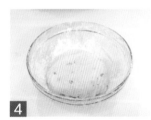

制作小贴士

揉面团的时候不要过度，这样面团容易出油。

司康

香蕉司康

材料

香蕉（去皮）	100 克	泡打粉	2 克
蜂蜜	25 克	盐	0.5 克
低筋面粉	80 克	水	40 毫升
芥花籽油	8 毫升		
柠檬汁	3 毫升		

工具

30 厘米 × 41 厘米烤盘

步骤

1 香蕉倒入大玻璃碗中，用叉子按压成泥。

2 碗中倒入蜂蜜、芥花籽油、水、柠檬汁，用手动打蛋器搅拌均匀。

3 倒入盐，搅拌均匀。

4 低筋面粉、泡打粉过筛至碗中。

5 用软刮刀翻拌成无干粉的面糊。

6 取烤盘，铺上油纸，倒上三块造型面糊，烤盘放入已预热至180℃的烤箱中层，烤约25分钟即可。

制作小贴士

搅拌面团时不需要太久，不然会起筋，口感不好。

司康

香橙司康

材料 🍚

低筋面粉	140 克	盐	1 克
芥花籽油	30 毫升	水	20 毫升
蜂蜜	20 克		
甜酒	5 毫升		
香橙丁	12 克		
泡打粉	2 克		

工具 🧤

30 厘米 × 41 厘米烤盘

步骤 🥄

1 将蜂蜜、芥花籽油、水、甜酒倒入大玻璃碗中，再倒入盐，搅拌均匀。

2 低筋面粉、泡打粉过筛至碗中，用软刮刀将碗中材料翻拌成无干粉的面团。

3 倒入香橙丁，继续翻拌均匀，用手轻轻揉成光滑的面团。

4 取出面团放在操作台上，用刮板分切成 4 等份；分切好的面团放在铺有油纸的烤盘上，放入已预热至 180℃的烤箱中层，烤约 25 分钟即可。

制作小贴士

甜酒是君度酒，可以增加面包的香味，这样口感史佳。

脆饼

榛果布朗尼脆饼

材料

低筋面粉	70 克	盐	0.5 克
亚麻籽油	30 毫升	苏打粉	0.5 克
蜂蜜	20 克	泡打粉	1 克
可可粉	15 克		
豆浆	25 毫升		
榛果碎	15 克		

工具

30 厘米 ×41 厘米烤盘

步骤

1 将亚麻籽油、蜂蜜、豆浆、盐倒入大玻璃碗中。

2 用手动打蛋器搅拌均匀。

3 低筋面粉、可可粉、泡打粉、苏打粉过筛至碗里，用软刮刀翻拌成无干粉的面糊。

4 倒入榛果碎，用软刮刀翻拌均匀成面团。

5 将面团放在铺有油纸的烤盘上，用手按压成长条状的块，烤盘放入已预热至170℃的烤箱中层，烤约25分钟。

6 取出烤过的饼干，用刀分切成大小一致的块，切好的饼干块放回油纸上，烤盘放入已预热至170℃的烤箱中层，烤约10分钟即可。

制作小贴士

可可粉分为有糖的和无糖的，使用时需要留意，建议使用无糖的。

热带水果脆饼

材料

低筋面粉	108 克		
豆浆	22 毫升	香草油	1 毫升
亚麻籽油	25 毫升	盐	0.5 克
蜂蜜	15 克		
热带水果干	22 克		
橙皮丁	适量		
泡打粉	2 克		

工具

30 厘米 ×41 厘米烤盘

步骤

1 将亚麻籽油、蜂蜜、豆浆、香草油、盐倒入大玻璃碗中，用手动打蛋器搅拌均匀。

2 低筋面粉、泡打粉过筛至碗里。

3 用软刮刀翻拌成无干粉的面糊。

4 倒入橙皮丁、热带水果干，继续翻拌均匀成面团。

5 面团放在铺有油纸的烤盘上，用手按压成长条状的块，烤盘放入已预热至170℃的烤箱中层，烤约25分钟。

6 取出烤过的饼干待稍稍放凉，用刀分切成大小一致的块，切好的饼干块放回油纸上，烤盘放入已预热至170℃的烤箱中层，烤约15分钟即可。

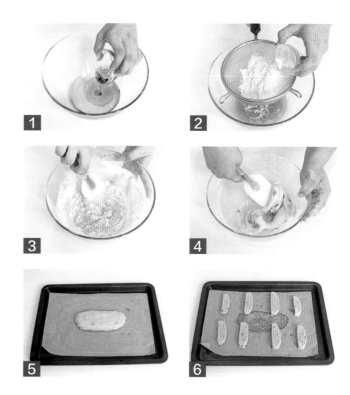

制作小贴士

如果没有香草油的话，也可以用香草精代替。

脆饼

香蕉巧克力豆脆饼

材料

低筋面粉	90 克	巧克力豆	22 克
香蕉（去皮）	30 克	泡打粉	1 克
芥花籽油	30 毫升		
蜂蜜	15 克		
核桃碎	15 克		

工具

30 厘米 ×41 厘米烤盘

步骤

1 香蕉倒入大玻璃碗中，用手动打蛋器捣碎；芥花籽油倒入碗中，搅拌均匀；倒入蜂蜜，搅拌均匀。

2 低筋面粉、泡打粉过筛至碗里，用软刮刀翻拌成无干粉的面团。

3 倒入核桃碎、巧克力豆，翻拌均匀。

4 面团揉成长条状，放在铺有油纸的烤盘上；烤盘放入已预热至170℃的烤箱中层，烤25分钟，取出，待稍稍放凉，用刀分切成大小一致的块，放回到油纸上；烤盘放入已预热至170℃的烤箱中层，烤约10分钟即可。

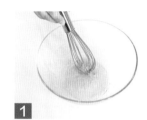

 制作小贴士

也可以将香蕉先去皮，切成片，放入料理机中直接搅拌至细滑即可使用。

脆饼

肉桂碧根果饼干

材料

亚麻籽油	30 毫升	肉桂粉	1 克
低筋面粉	85 克	碧根果碎	15 克
蜂蜜	20 克	香草油	2 毫升
豆浆	28 毫升		
泡打粉	1 克		

工具

30 厘米 ×41 厘米烤盘

步骤

1 将亚麻籽油、蜂蜜、豆浆、肉桂粉、香草油、盐倒入大玻璃碗中，用手动打蛋器搅拌均匀。

2 低筋面粉、泡打粉过筛至碗里，用软刮刀翻拌均匀。

3 倒入碧根果碎，继续翻拌成面团。

4 取出面团放在铺有油纸的烤盘上，轻轻揉搓成圆柱状；烤盘放入已预热至 180℃的烤箱中层，烤约 10 分钟，取出面团，待稍稍放凉，用刀分切成大小一致的块；烤盘放入已预热至 180℃的烤箱中层，烤约10 分钟即可。

 制作小贴士

在分割饼干大小的时候会出现碎末，所以切的时候要注意力度，不能过猛。

饼干棒

全麦饼干棒

材料

海藻糖	1 克
无盐黄油	80 克
全麦面粉	50 克
中筋面粉	200 克
黑芝麻	20 克
牛奶	100 毫升

工具

30 厘米 × 41 厘米烤盘

【扫码学烘焙】

步骤

1 将无盐黄油和海藻糖放入搅拌玻璃碗中，用橡皮刮刀搅拌均匀；倒入牛奶，搅拌均匀。

2 加入全麦面粉和黑芝麻，混合均匀。

3 筛入中筋面粉，搅拌至无干粉后，用手轻轻揉成光滑的面团（注意揉的时候不要过度，面团容易出油）。

4 用擀面杖将面团擀成厚度约 4 毫米的面片。

5 面片切成正方形，再切成细长条状的饼干坯。

6 饼干坯放在烤盘上，烤箱以上、下火 185℃预热，烤盘置于烤箱中层，烘烤 14 分钟即可。

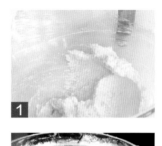

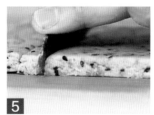

 制作小贴士

把糖倒入黄油中，需要搅拌至融合，这样烤好的饼干就不会出现口味不均的情况。

饼干棒

蜂蜜燕麦饼干

材料

燕麦粉	22 克
低筋面粉	50 克
蜂蜜	25 克
芥花籽油	30 毫升
香草油	2 毫升
泡打粉	1 克
盐	0.5 克

工具

30 厘米 ×41 厘米烤盘

步骤

1 将芥花籽油、香草油、盐、蜂蜜倒入大玻璃碗中，用软刮刀搅拌均匀。

2 低筋面粉、燕麦粉、泡打粉过筛，翻拌成无干粉的面糊。

3 将面糊装入裱花袋里，用剪刀在裱花袋尖端处剪一个小口。

4 烤盘铺上油纸，在油纸上挤出数个条状的面糊；烤盘放入已预热至 180℃的烤箱中层，烤约 10 分钟至上色，取出。

制作小贴士

裱花袋花嘴如果选用的是大号的，放入烤箱中可以多烤 3～5 分钟。

 饼干棒

澳洲坚果条

材料 _____

低筋面粉	40 克	蜂蜜	20 克
豆浆	30 毫升	椰子粉	15 克
泡打粉	1 克		
亚麻籽油	15 毫升		
澳洲坚果	40 克		

工具

磅蛋糕模

步骤

1 将蜂蜜、亚麻籽油、豆浆倒入大玻璃碗中，用手动打蛋器搅拌均匀。

2 低筋面粉、泡打粉过筛至碗里。

3 倒入椰子粉，用软刮刀翻拌成无干粉的面糊。

4 倒入澳洲坚果，充分搅拌均匀成面团。

5 面团放入铺有油纸的模具中。

6 模具放入已预热至180℃的烤箱中层，烤约15分钟至上色，即成澳洲坚果饼干。取出烤好的澳洲坚果饼干，脱模后用刀分切成条即可。

制作小贴士

烤香面团之后，再放入适量椰子粉，口味会更好。

饼干棒

南瓜营养条

材料

低筋面粉	160 克	芥花籽油	20 毫升
南瓜泥	250 克	泡打粉	1 克
南瓜子	8 克		
碧根果仁碎	10 克		
蔓越莓干碎	10 克		
蜂蜜	22 克		

工具

方形蛋糕模

步骤

1 将芥花籽油、蜂蜜倒入大玻璃碗中，用手动打蛋器搅拌均匀；倒入南瓜泥，搅拌均匀。

2 低筋面粉、泡打粉过筛至碗里，搅拌成无干粉的面糊。

3 倒入蔓越莓干碎、碧根果仁碎，搅拌均匀。

4 取蛋糕模具，铺上油纸，将用软刮刀拌匀的面糊刮入蛋糕模具内，抹平；面糊上铺上一层南瓜子，蛋糕模具放在烤盘上，移入已预热至180℃的烤箱中层，烤约20分钟；取出烤好的成品，脱模后切成条状，即成南瓜营养条。

 制作小贴士

蔓越莓可以先用热水泡开，再加入面糊内。

饼干棒

燕麦营养条

材料

低筋面粉	80 克	泡打粉	1 克
燕麦粉	25 克	蔓越莓干	20 克
即食燕麦片	55 克		
芥花籽油	30 毫升		
蜂蜜	22 克		
水	130 毫升		

工具

方形蛋糕模

步骤

1 将芥花籽油、蜂蜜、水倒入大玻璃碗中，用手动打蛋器搅拌均匀。

2 燕麦粉、低筋面粉、泡打粉过筛至碗里，搅拌成无干粉的面糊。

3 倒入即食燕麦片、蔓越莓干，搅拌均匀。

4 取蛋糕模具，铺上油纸，将用软刮刀拌匀的面糊刮入蛋糕模具内，抹平；蛋糕模具放在烤盘上，移入已预热至170℃的烤箱中层，烤约30分钟，取出烤好的成品，脱模后切成条状，即成燕麦营养条。

制作小贴士

即食燕麦片分为两种，一种是干片燕麦，一种是冲泡燕麦，都可以加入。

全麦薄饼

材料

全麦面粉	150 克
黄细砂糖	10 克
盐	1 克
泡打粉	1 克
牛奶	30 毫升
无盐黄油	60 克

工具 🧤

圆形饼干压模

30 厘米 × 41 厘米烤盘

【扫码学烘焙】

步骤 🍴

1 室温软化的无盐黄油放入搅拌玻璃碗中，用橡皮刮刀压软。

2 加入黄细砂糖，搅拌均匀。

3 倒入牛奶，加入盐、泡打粉，搅拌均匀。

4 加入全麦面粉，用橡皮刮刀搅拌至无干粉，用手轻轻揉成光滑的面团（注意揉的时候不要过度，面团容易出油）。

5 用擀面杖将面团擀成厚度约4毫米的面片。

6 用圆形模具压出饼干坯，烤箱以上、下火180℃预热，烤盘置于烤箱中层，烘烤12~15分钟即可。

制作小贴士

如果模具底部粘，可以选择铺保鲜膜或撒粉。

全麦巧克力薄饼

材料

<1> 饼干体

低筋面粉	65 克	海藻糖	1 克
淡奶油	20 克	盐	0.5 克
全麦面粉	20 克	**<2> 装饰**	
无盐黄油	45 克	黑巧克力	20 克

工具

圆形饼干压模

星星压模

步骤

1 取一个干净的搅拌玻璃碗，放入无盐黄油和海藻糖，用橡皮刮刀搅拌均匀；倒入淡奶油，加入盐，搅拌均匀。

2 加入全麦面粉，筛入低筋面粉，搅拌至无干粉，用手轻轻揉成光滑的面团（注意揉的时候不要过度，面团容易出油）。

3 用擀面杖将面团擀成厚度约 4 毫米的面片，用圆形模具在面片上压出饼干坯，用星星模具将其中一半的饼干坯中心处镂空，其覆盖在另一半完整的饼干坯上。

4 烤箱以上、下火 180℃预热，烤盘置于烤箱中层，烘烤 12~15 分钟即可；取出后，将融化的黑巧克力液注入饼干中心处的星星凹槽中作为装饰。

制作小贴士

冬天黄油会变得很硬，可在 30℃以上的地方放置一会儿，用手指轻压有凹陷即可。

杏仁薄片

材料

低筋面粉	38 克	盐	0.5 克
蜂蜜	20 克	杏仁碎	适量
豆浆	25 毫升		
亚麻籽油	15 毫升		
泡打粉	0.5 克		
香草精	25 毫升		

工具

30 厘米 × 41 厘米烤盘

步骤

1 将亚麻籽油、蜂蜜、豆浆倒入大玻璃碗中，用手动打蛋器搅拌均匀。

2 倒入香草精、盐，搅拌均匀，倒入杏仁碎。

3 将低筋面粉、泡打粉过筛至碗里。

4 翻拌成无干粉的面糊。

5 用勺子舀上拌匀的面糊放在铺有油纸的烤盘上，轻轻震动几下使面糊更加薄、平整。

6 烤盘放入已预热至 170℃ 的烤箱中层，烤约 10 分钟即可。

制作小贴士

杏仁碎也可以用杏仁片代替，口味会更加酥脆。

饼干球

巧克力燕麦球

材料

无盐黄油	33 克	燕麦片	45 克
海藻糖	1 克	巧克力	10 克
鸡蛋液	20 克		
中筋面粉	43 克		
泡打粉	1 克		
可可粉	3 克		

工具

30 厘米 ×41 厘米烤盘

步骤

1 无盐黄油放入干净的搅拌玻璃碗中，加入海藻糖，用橡皮刮刀搅拌均匀；倒入鸡蛋液，搅拌均匀。

2 加入燕麦片，混合均匀。

3 筛入泡打粉、中筋面粉和可可粉，揉成光滑的面团。

4 面团分成每个 30 克的小饼干坯，搓圆，放在烤盘上；烤箱以上、下火 175℃预热，烤盘置于烤箱的中层，烘烤 16 分钟，拿出晾凉。

5 巧克力隔温水融化，将融化的巧克力液装入裱花袋中。

6 裱花袋用剪刀剪出一个 1~2 毫米长的小口，将融化的巧克力液挤在饼干的表面作为装饰即可。

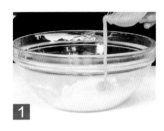

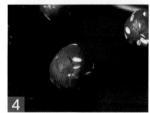

制作小贴士

如果鸡蛋刚从冷藏室取出，需要达到常温后再进行操作。

黄豆粉雪球饼干

饼干球

材料

<1> 饼干体

无盐黄油	80 克	黄豆粉	40 克
糖粉	20 克	杏仁片	30 克
盐	1 克	**<2> 装饰**	
低筋面粉	100 克	糖粉	10 克
		黄豆粉	10 克

工具

30 厘米 ×41 厘米烤盘

👉【扫码学烘焙】

步骤

1 无盐黄油放入搅拌玻璃碗中，用电动打蛋器搅打均匀。

2 加入糖粉 <1>，搅打均匀。

3 筛入低筋面粉和黄豆粉 <1>，加入盐，用橡皮刮刀搅拌至无干粉后加入杏仁片，揉成光滑的面团。

4 面团稍稍压扁，用保鲜膜包好，放入冰箱冷藏约 1 小时。

5 取出后将面团分成每个 20 克的饼干坯，揉圆，放在烤盘上。

6 烤箱以上、下火 170℃预热，烤盘置于烤箱的中层，烘烤 15 分钟；取出后，准备一个塑料袋，将雪球饼干放进去，加入装饰用的糖粉和黄豆粉，拧紧袋口，轻轻晃动，使糖粉 <2> 和黄豆粉 <2> 均匀地分布在雪球饼干的表面即可。

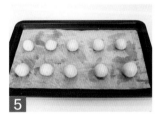

制作小贴士

如果黄豆粉是生的，可以放在干锅中以小火翻炒至熟。

PART 5

精致美味，独具特色的健康烘焙

除了蛋糕、面包和饼干，本章还有独具特色的烘焙制品教给大家，如滑嫩的蛋挞、风味十足的比萨、蔬菜火腿三明治、可口的薄饼与松饼……

比萨

豆腐甜椒比萨

材料 🥣 _____

高筋面粉	100 克		白芝麻	2 克
豆腐	30 克		酵母粉	5 克
甜椒酱	15 克		盐	2 克
圣女果（切片）	10 克		水	60 毫升
黑橄榄（切片）	4 克			
蜂蜜	5 克			

工具 🧤

30 厘米 ×41 厘米烤盘

步骤

1 将酵母粉倒入装有水的碗中，搅拌均匀。

2 将高筋面粉（剩少许）、盐倒入大玻璃碗中，倒入拌匀的酵母水及蜂蜜，用软刮刀将碗中材料搅拌成无干粉的面团。

3 取出面团放在操作台上，继续揉搓一会儿，反复几次将面团往前揉扯，甩打至起筋，揉搓面团至光滑。

4 面团放回大玻璃碗中，盖上保鲜膜，静置发酵约 30 分钟。

5 撕开保鲜膜，取出发酵好的面团放在操作台上，撒上剩下的高筋面粉，用擀面杖擀成厚薄一致的面皮。

6 把面皮放入烤盘中。

7 豆腐捣碎，放在面皮上，用软刮刀抹均匀。

8 用刷子蘸上甜椒酱，均匀刷在面皮表面，放上一圈圣女果，于圈内放上黑橄榄。

9 撒上一层白芝麻。

10 烤盘放入已预热至 200℃的烤箱中层，烤约 15 分钟即可。

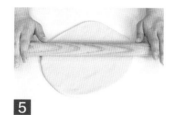

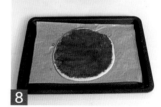

制作小贴士

面团发酵时可以放在一个通风、阳光充足的地方，这样发酵会更加快。

比萨

牛肉比萨

材料

高筋面粉	150 克	盐	3 克
全蛋（1个）	25 克	番茄酱	少许
牛肉块	25 克	比萨酱	适量
圣女果块	15 克	水	80 毫升
奶酪条	15 克		
酵母粉	3 克		
海藻糖	1 克		

工具 🧤

30 厘米 ×41 厘米烤盘

步骤 🧤

1 将高筋面粉、酵母粉、盐、海藻糖倒入大玻璃碗中，用手动打蛋器搅拌均匀，倒入水，加入打散的鸡蛋，用橡皮刮刀翻拌几下，用手揉至无干粉。

2 取出面团放在干净的操作台上，反复几次甩打至起筋，揉搓、拉长，卷起后收口、搓圆。

3 面团放回至大玻璃碗中，封上保鲜膜，静置发酵约30分钟。

4 撕开保鲜膜，取出面团，擀成厚薄一致的圆形薄面皮。

5 取烤盘，铺上油纸，放上面皮，用叉子均匀地插一些气孔。

6 挤上番茄酱，用叉子涂抹均匀。

7 放上比萨酱，抹匀。

8 均匀地放上牛肉块、圣女果块、奶酪条，烤盘放入已预热至30℃的烤箱中层，静置发酵约30分钟，取出；烤盘放入已预热至190℃的烤箱中层，烘烤约15分钟即可。

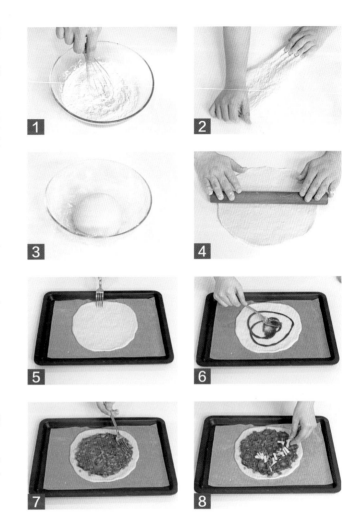

制作小贴士

　　如果发酵时间不够，擀圆的时候很薄，可以稍微擀好放在烤盘上发酵一会儿再加入配料。

沙拉米比萨

材料

高筋面粉	150 克	豌豆	10 克
全蛋（1个）	25 克	罐头玉米	10 克
酵母粉	3 克	奶酪条	10 克
海藻糖	1 克	辣椒汁	适量
盐	3 克	水	80 毫升
火腿肠片	25 克		

工具

30 厘米 ×41 厘米烤盘

步骤

1 将高筋面粉、酵母粉、盐、海藻糖倒入大玻璃碗中，用手动打蛋器搅拌均匀。

2 倒入水，加入打散的鸡蛋，用橡皮刮刀翻拌几下，用手揉至无干粉。

3 取出面团放在干净的操作台上，反复几次甩打至起筋，揉搓、拉长，卷起后收口、搓圆。

4 面团放回至大玻璃碗中，封上保鲜膜，静置发酵约30分钟；撕开保鲜膜，取出面团，擀成厚薄一致的圆形薄面皮。

5 取烤盘，铺上油纸，放上面皮，用叉子均匀地插一些气孔，盖上保鲜膜，使其松弛发酵约15分钟。

6 撕开保鲜膜，用刷子刷上辣椒汁。

7 放上火腿肠片、豌豆、玉米粒、奶酪条。

8 烤盘放入已预热至180℃的烤箱中层，烘烤约13分钟即可。

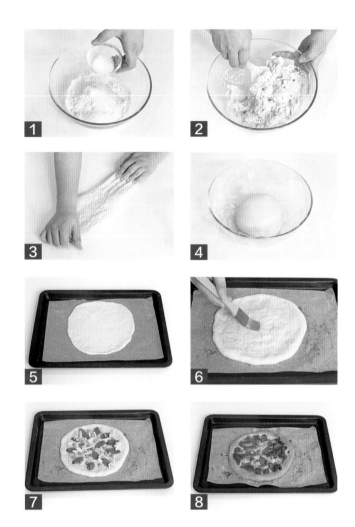

 制作小贴士

酵母粉可以用温水泡化之后倒入面团，这样面团跟酵母能混合得更加均匀。

泡菜海鲜比萨

材料 🍲

高筋面粉	300 克	烧烤酱	适量
全蛋（1个）	55 克	泡菜	40 克
酵母粉	3 克	虾仁	18 克
海藻糖	2 克	水	160 毫升
盐	3 克		
奶酪条	15 克		

工具 🧤

30 厘米 ×41 厘米烤盘

步骤

1 将高筋面粉、酵母粉、盐、海藻糖倒入大玻璃碗中，用手动打蛋器搅拌均匀，倒入水。

2 再倒入打散的鸡蛋，用橡皮刮刀翻拌几下，用手揉至无干粉。

3 取出面团放在干净的操作台上，反复几次甩打至起筋。

4 揉搓、拉长，卷起后收口、搓圆，面团放回至大玻璃碗中，封上保鲜膜，静置发酵约 30 分钟。

5 撕开保鲜膜，取出面团，擀成厚薄一致的圆形薄面皮，取烤盘，铺上油纸，放上面皮，用叉子均匀地插一些气孔。

6 刷上烧烤酱，放上泡菜，摆上虾仁，撒上奶酪条，烤盘放入已预热至 170℃的烤箱中层，烘烤约 18 分钟即可。

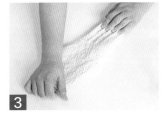

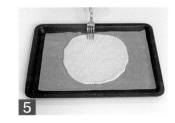

 制作小贴士

上面所使用的奶酪条是马苏里拉奶酪。

 南瓜派

材料

工具

蛋挞模

<1> 挞皮		盐	0.5 克	<3> 装饰	
低筋面粉	60 克	<2> 挞馅		杏仁碎	少许
芥花籽油	30 毫升	南瓜	150 克	干红枣块	少许
蜂蜜	15 克	蜂蜜	15 克		
杏仁粉	15 克	豆腐	80 克		
泡打粉	2 克	盐	0.5 克		

步骤

1 将 <1> 中的芥花籽油、蜂蜜、盐倒入大玻璃碗中，用手动打蛋器搅拌均匀。

2 杏仁粉、低筋面粉、泡打粉过筛至碗中，用软刮刀翻拌成无干粉的面团。

3 取出面团，放在铺有保鲜膜的操作台上，用擀面杖擀成厚薄一致的薄面皮；将薄面皮倒扣在挞模上，按压面皮，去掉多余的部分；用刀将挞模上多余的面皮切掉，用叉子在面皮上插一些孔；挞模放入已预热至180℃的烤箱中层，烤约10分钟，即成挞皮。

4 蒸熟的南瓜装入过滤网中，用软刮刀按压，沥干多余的水分，再倒入搅拌机中。

5 倒入 <2> 中的豆腐、盐、蜂蜜。

6 启动搅拌机，将食材搅打成泥，倒入碗中，即成挞馅。

7 挞馅装入裱花袋中，用剪刀在裱花袋尖端处剪一个小口。

8 取出烤好的挞皮，挤入适量挞馅至九分满，放上红枣块、杏仁碎装饰即可。

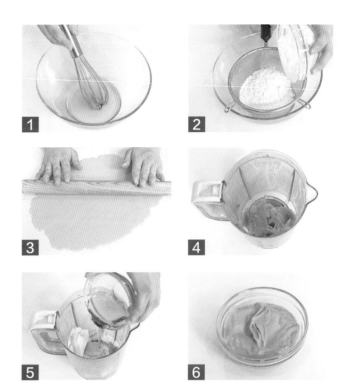

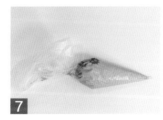

制作小贴士

可以使用1克海藻糖代替蜂蜜。

牛油果蛋挞

材料 🥣 _____

工具 🧤

<1> 挞皮		**<2> 挞馅**	
低筋面粉	85 克	牛油果	40 克
蜂蜜	20 克	柠檬汁	3 毫升
芥花籽油	25 毫升	水	3 毫升
泡打粉	2 克		

<3> 装饰

菠萝片	适量
樱桃	少许

蛋挞模

步骤 👈

1 将芥花籽油、蜂蜜倒入大玻璃碗中，用手动打蛋器搅拌均匀。

2 将低筋面粉、泡打粉过筛至步骤1的碗里，用软刮刀翻拌成无干粉的面团。

3 取出面团放在铺有保鲜膜的操作台上，用擀面杖将面团擀成厚薄一致的薄面皮。

4 薄面皮倒扣在挞模上，按压面皮，去掉多余的部分；用刀将挞模上多余的面皮切掉，用叉子在面皮上插一些孔；挞模放入已预热至180℃的烤箱中层，烤约10分钟，即成挞皮。

5 牛油果、水、柠檬汁倒入搅拌机中，启动搅拌机，将食材搅打成泥，即成挞馅。

6 取出烤好的挞皮脱模，倒入挞馅至八分满，用软刮刀将表面抹平。

7 菠萝片摆在挞馅上。

8 放上樱桃装饰即可。

制作小贴士

　　菠萝片罐头里面的菠萝片比较大，拿出来时对半切开就可以。

蛋挞

蓝莓蛋挞

材料 🥧 _____   工具 🧤

<1> 挞皮   <2> 挞馅   蛋挞模

低筋面粉   90 克   豆腐   100 克
蜂蜜   25 克   蜂蜜   15 克
芥花籽油   20 毫升   <3> 装饰
泡打粉   2 克   蓝莓   20 克

步骤

1 将 <1> 中的芥花籽油、蜂蜜倒入大玻璃碗中。

2 用手动打蛋器搅拌均匀。

3 低筋面粉、泡打粉过筛至碗里，用软刮刀翻拌成无干粉的面团。

4 取出面团放在铺有保鲜膜的操作台上，用擀面杖将面团擀成厚薄一致的薄面皮。

5 薄面皮倒扣在挞模上，按压面皮，去掉多余的部分，用刀将挞模上多余的面皮切掉，用叉子在面皮上插一些孔；挞模放入已预热至180℃的烤箱中层，烤约10分钟，即成挞皮。

6 将 <2> 中的豆腐块、蜂蜜倒入搅拌机中，将材料搅打成泥，即成挞馅。

7 搅打好的材料倒入干净的玻璃碗中，取出烤好的挞皮，待稍稍放凉后脱模。

8 往挞皮内倒入挞馅至八分满，放上蓝莓装饰即可。

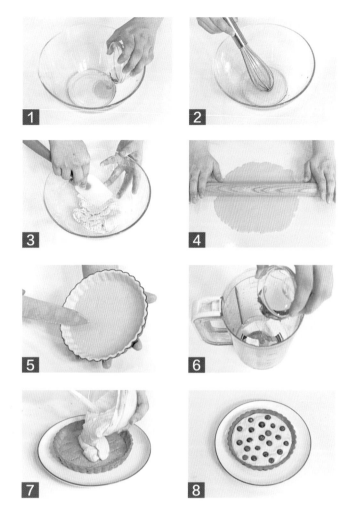

制作小贴士

可以用酸奶替代豆腐来制作蓝莓蛋挞，味道也非常不错。

 蛋挞

无花果蛋挞

材料

<1> 挞皮

低筋面粉	55 克
芥花籽油	30 毫升
蜂蜜	16 克
杏仁粉	15 克
泡打粉	2 克
盐	0.5 克

<2> 挞馅

杏仁粉	45 克
低筋面粉	10 克
泡打粉	2 克
蜂蜜	15 克
芥花籽油	10 毫升
豆浆	50 毫升
无花果干（对半切）	适量

工具

蛋挞模 1 个

1 将 <1> 中的芥花籽油、蜂蜜、盐倒入大玻璃碗中，用手动打蛋器搅拌均匀；杏仁粉、低筋面粉、泡打粉、苏打粉过筛至碗中，用软刮刀翻拌成无干粉的面团。

2 取出面团，放在铺有保鲜膜的操作台上，用擀面杖擀成厚薄一致的薄面皮。

3 薄面皮倒扣在挞模上，按压面皮，去掉多余的部分，用刀将挞模上多余的面皮切掉，用叉子在面皮上插一些孔；挞模放入预热至 180℃ 的烤箱中层，烤约 10 分钟，即成挞皮。

4 将 <2> 中的蜂蜜、芥花籽油、豆浆先后倒入大玻璃碗中，边倒边搅拌均匀。

5 杏仁粉、泡打粉、低筋面粉过筛至碗里，用手动打蛋器搅拌均匀成挞馅。

6 取出烤好的挞皮，倒入挞馅至七分满，放上无花果干，即成。

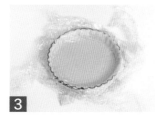

制作小贴士

无花果干可以放在热水中泡软切开，放凉，沥干水分，用厨房纸擦干，轻放在挞馅上。

 蛋挞

豆浆椰子布丁蛋挞

材料 _____

<1> 挞皮

低筋面粉	80 克
蜂蜜	17 克
芥花籽油	40 毫升
泡打粉	1 克

<2> 挞馅

豆腐	100 克

淀粉	15 克
豆浆	150 毫升
蜂蜜	20 克
低筋面粉	15 克
椰子粉	20 克

工具

方形慕斯框

30 厘米 × 41 厘米烤盘

步骤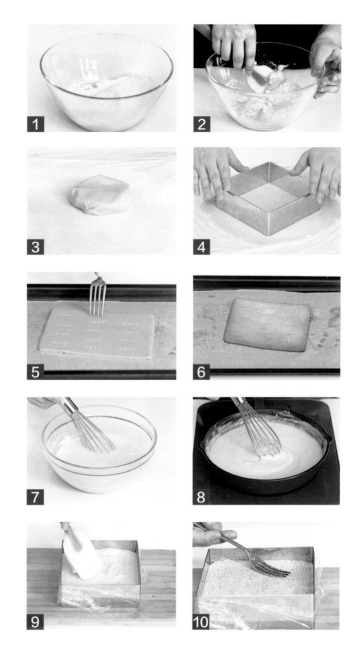

1 将 <1> 中的芥花籽油、蜂蜜倒入大玻璃碗中，用手动打蛋器搅拌均匀。

2 低筋面粉、泡打粉过筛至碗里，用软刮刀翻拌成无干粉的面团。

3 取出面团，放在铺有保鲜膜的操作台上，包上保鲜膜，用擀面杖擀成厚薄一致的薄面皮；撕开保鲜膜，用正方形蛋糕模按压出一个挞皮坯，撕掉多余的面皮。

4 面皮连同保鲜膜一起倒扣在铺有油纸的烤盘上，撕掉保鲜膜。

5 用叉子在挞皮坯上插出数个小孔。

6 烤盘放入已预热至180℃的烤箱中层，烤约10分钟，即成挞皮。

7 将 <2> 中的豆腐、豆浆、蜂蜜放入搅拌机中，盖上盖，启动搅拌机，将食材搅打成浆液，再倒入干净的大玻璃碗中；椰子粉、淀粉、低筋面粉过筛至碗里，用手动打蛋器搅拌成无干粉的面糊。

8 平底锅加热，倒入面糊，边加热边搅拌至面糊浓稠，即成挞馅。

9 用保鲜膜包住正方形蛋糕模做底，放入烤好的挞皮，倒入煮好的挞馅至七分满，即成蛋挞坯。

10 取烤盘，铺上油纸，放上椰子粉抹平，移入已预热至180℃的烤箱中层，烤约10分钟至呈金黄色；在蛋挞坯上放一层烤好的椰子粉，放入冰箱冷藏约6小时即成豆浆椰子布丁蛋挞，取出冷藏好的蛋挞，脱模即可。

制作小贴士

在蛋挞坯中可加入少许柠檬汁，能够起到去味的效果。

蛋挞

迷你草莓蛋挞

材料

<1> 挞皮			蜂蜜	15 克
低筋面粉	115 克		芥花籽油	10 毫升
蜂蜜	20 克		豆浆	50 毫升
芥花籽油	60 毫升		泡打粉	2 克
泡打粉	2 克		<3> 装饰	
<2> 挞馅			草莓丁	25 克
低筋面粉	55 克			

工具

圆形模

蛋挞模

步骤 🧤

1 将 <1> 中的芥花籽油、蜂蜜倒入大玻璃碗中，用手动打蛋器搅拌均匀；低筋面粉（剩少许）、泡打粉过筛至碗里，用软刮刀翻拌成无干粉的面团。

2 取出面团，放在铺有保鲜膜的操作台上，包上保鲜膜，用擀面杖擀成厚薄一致的薄面皮。

3 撕开保鲜膜，用圆形模按压出数个挞皮坯，撕掉多余的面皮。

4 取蛋挞模具，撒上剩下的低筋面粉，将挞皮坯放在蛋挞模具上。

5 取一个干净的大玻璃碗，倒入 <2> 中的芥花籽油、蜂蜜、豆浆，用手动打蛋器将碗中材料搅拌均匀；低筋面粉、泡打粉过筛至碗里，搅拌成无干粉的面糊，即成挞馅。

6 挞馅装入裱花袋，用剪刀在裱花袋尖端处剪一个小口。

7 将挞皮按压进蛋挞模具内，使其贴合模具，往挞皮中挤入挞馅至八分满。

8 放上草莓丁，移入已预热至 180℃ 的烤箱中层，烤约 15 分钟即可。

制作小贴士

在准备模具时，可选择纸杯，这样可预防难脱模的情况。

三明治

烤蔬菜三明治

材料

吐司	3 片	土豆片	40 克
香菇片	40 克	生菜叶	8 克
圣女果片	20 克	芥花籽油	8 毫升
洋葱条	20 克	盐	1 克
碧根果仁碎	8 克		

工具

平底锅

步骤

1 平底锅加热，放入吐司煎至两面呈金黄色，盛出待用。

2 平底锅中倒入 3 毫升芥花籽油加热，倒入香菇片煎至熟软，盛出待用；平底锅中加入 2 毫升芥花籽油加热，倒入洋葱条煎至熟软，盛出待用；另起平底锅加入 3 毫升芥花籽油加热，倒入土豆片煎至上色，撒上盐，煎至熟软，盛出待用。

3 取一片煎好的吐司装盘，摆放上生菜叶、香菇片。

4 放上洋葱条、圣女果片、土豆片。

5 撒上碧根果仁碎，盖上一片吐司。

6 放上生菜叶、香菇片、圣女果片、洋葱条、土豆片，撒上碧根果仁碎，盖上一片吐司即可。

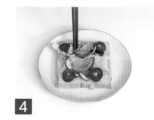
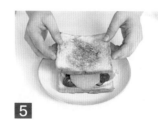
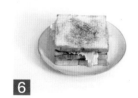

制作小贴士

生菜叶可以选用包生菜，因为包生菜叶子不容易捏坏。

土豆西红柿豌豆三明治

材料

吐司	2 片
西红柿块	50 克
熟土豆块	150 克
水煮豌豆	20 克
核桃仁碎	8 克
芥黄酱	20 克

工具

玻璃碗

抹刀

步骤

1 将熟土豆块倒入大玻璃碗中，用擀面杖捣碎成泥；碗中挤入一点芥黄酱，继续捣碎食材。

2 取一片吐司，用抹刀将适量捣碎的土豆泥涂抹在吐司上。

3 沿着吐司对角线摆放上西红柿块，放上豌豆。

4 剩余的土豆泥涂抹在上面，用抹刀抹匀。

5 撒上一层核桃仁碎，沿着对角线按"Z"字形挤上芥黄酱。

6 盖上另一片吐司，用齿刀沿着对角线切开，装入盘中即可。

制作小贴士

土豆蒸熟之后，待回到常温的状态，就可以装个封口袋捣成泥，取出方便。

胡萝卜三明治

材料

胡萝卜面团	180 克
火腿片	适量
生菜叶	适量
西红柿片	适量
蛋黄酱	适量

工具

30 厘米 ×41 厘米烤盘

步骤

1 胡萝卜面团分成 4 等份，收口、搓圆，静置发酵约 10 分钟。

2 面团放在铺有油纸的烤盘上，烤盘放入已预热至 30℃的烤箱中层，静置发酵约 30 分钟，取出；烤盘放入已预热至 180℃的烤盘中层，烤约 15 分钟。

3 取出烤好的面包，用切刀横切开，但不切断。

4 往切口处塞入生菜叶，挤上蛋黄酱，放入一西红柿片，挤上蛋黄酱，放入火腿片，再挤上蛋黄酱即可。

制作小贴士

如果家庭烤箱温度偏高的话，可以把烤箱上火调低 10～20℃。

三明治

营养三明治

材料

原味面团	90克
火腿肠片	适量
生菜叶	适量
吐司片	适量

工具

30厘米×41厘米烤盘

步骤

1 将原味面团切割、整形。

2 取烤盘，铺上油纸，放上面团。

3 烤盘放入已预热至180℃的烤箱中层，烤约15分钟。

4 取出烤好的面包，在面包正中间划上一刀，夹入火腿肠片、生菜叶、吐司片即可。

制作小贴士

把三明治夹好食材，放入微波炉加热30秒，口味更佳。

 煎饼

全麦薄煎饼

材料 🍚 _____

高筋面粉	100 克	水	54 毫升
豆腐条	30 克	盐	3 克
生菜叶	15 克		
圣女果(对半切)	15 克		
蜂蜜	8 克		
芥花籽油	10 毫升		

工具 🧤

平底锅

步骤

1 将高筋面粉、盐倒入大玻璃碗中，倒入蜂蜜、芥花籽油、水，用软刮刀将碗中材料翻拌成无干粉的面团。

2 取出面团放在操作台上，继续揉搓一会儿，反复几次将面团往前揉扯，甩打至起筋，揉搓面团至光滑。

3 面团放回大玻璃碗中，盖上保鲜膜，静置发酵约30分钟。

4 平底锅中注入芥花籽油烧热，放入豆腐条，用中小火煎至两面呈金黄色，盛出煎好的豆腐，装入盘中，待用。

5 撕开保鲜膜，取出发酵好的面团放在操作台上，用刮板分切成2等份。

6 切好的面团收口，轻轻按扁，用擀面杖擀成厚薄一致的面皮。

7 平底锅中注入少许芥花籽油烧热，放入面皮，用中小火煎至两面呈金黄色，即成薄饼。

8 盛出煎好的薄饼装入盘中，依次叠放上生菜叶、圣女果、豆腐条，用面皮包住食材，外面包上油纸，用绳子固定即可。

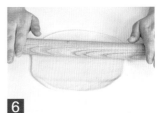

制作小贴士

如果冬天发酵慢，可以多发酵半个小时再操作。

 原味松饼

材料 🥣 _____

工具 🧤

<1> 面糊

高筋面粉	100 克
全蛋（1个）	55 克
牛奶	65 毫升
无盐黄油	20 克
盐	1 克

海藻糖	2 克
酵母粉	2 克
橄榄油	少许

<2> 装饰

无盐黄油块	1 块
蜂蜜	适量

平底锅

步骤 🧤

1 将高筋面粉、盐、海藻糖倒入大玻璃碗中，用手动打蛋器搅拌均匀。

2 全蛋倒入小玻璃碗中，用手动打蛋器搅散，往小玻璃碗中倒入牛奶、酵母粉，搅拌均匀。

3 将小玻璃碗中拌匀的酵母液倒入大玻璃碗中。

4 用勺子快速搅拌成糊状。

5 将 20 克无盐黄油隔热水融化后倒入碗中，快速搅拌均匀，封上保鲜膜，放入冰箱冷藏 60 分钟。

6 平底锅中刷上少许橄榄油，用中火加热。

7 往平底锅中舀入适量面糊，煎至一面成形，翻一面，继续煎至成形，盛出。按照相同方法完成剩余面糊。

8 放上无盐黄油块，淋上适量蜂蜜即可。

制作小贴士

从冰箱拿出的黄油在室温解冻之后，再放在松饼上。

松饼

夏威夷豆松饼

材料 🍚

<1> 面糊

高筋面粉	66 克
鸡蛋	36 克
牛奶	30 毫升
椰子油	8 毫升
盐	1 克
酵母粉	2 克

橄榄油	少许

<2> 酱汁

淡奶油	20 克
牛奶	25 毫升
细砂糖	8 克
蜂蜜	4 克
夏威夷果碎	少许

工具 🧤

平底锅

步骤 🍴

1 将 <1> 中的鸡蛋、牛奶倒入小玻璃碗中，用手动打蛋器搅散。

2 将高筋面粉、盐、酵母粉倒入大玻璃碗中，用手动打蛋器搅拌均匀。

3 将椰子油和小玻璃碗中的材料倒入大玻璃碗中，用手动打蛋器搅拌均匀。

4 平底锅中刷上少许橄榄油，用中火加热，往平底锅中舀入适量面糊，煎至两面成形，盛出，按照相同方法完成剩余面糊；淡奶油、牛奶倒入干净的平底锅中，用中火加热至微微冒热气，倒入细砂糖、蜂蜜、夏威夷果碎，煮至沸腾，制成酱汁，盛出，淋在松饼上即可。

制作小贴士

如果使用不粘锅的话，可以不刷油。

沙拉蔬菜松饼

材料

<1> 面饼

高筋面粉	90 克	无盐黄油	23 克
蔬菜汁	100 毫升	海藻糖	2 克
全蛋（1个）	55 克	橄榄油	少许
扁桃粉	30 克		
酵母粉	2 克		
盐	1 克		

<2> 装饰

沙拉酱	适量
生菜叶	少许
糖渍樱桃	1 个

工具

平底锅

步骤

1 将高筋面粉、扁桃粉、酵母粉、盐、海藻糖倒入大玻璃碗中，用手动打蛋器搅匀。

2 蔬菜汁、全蛋倒入小玻璃碗中，用手动打蛋器搅拌均匀。

3 将小玻璃碗中的材料倒入大玻璃碗中，搅拌成泥糊状；倒入隔热水融化的无盐黄油，快速搅拌均匀，制成松饼面糊。

4 平底锅中刷上少许橄榄油，用中火加热；往平底锅中舀入适量面糊，煎至一面成形，翻一面，继续煎至成形，盛出装入盘中，按照相同方法完成剩余面糊；在煎好的松饼上挤上沙拉酱，放上生菜叶、糖渍樱桃即可。

制作小贴士

用平底锅做松饼时，可以用厨房纸在平底锅中刷油。

松饼

花生松饼

材料

<1> 面糊

高筋面粉	100 克
全蛋（1个）	55 克
花生糊	65 克
无盐黄油	12 克
盐	1 克
细砂糖	8 克
泡打粉	2 克
橄榄油	少许

<2> 装饰

草莓酱	适量

工具

平底锅

212

步骤

1 将高筋面粉、盐、细砂糖倒入大玻璃碗中，用手动打蛋器搅匀。

2 倒入泡打粉，继续搅拌均匀。

3 将花生糊、全蛋倒入小玻璃碗中，用手动打蛋器搅拌均匀；将小玻璃碗中的材料倒入大玻璃碗中，用手动打蛋器快速将碗中材料搅拌成糊。

4 往大玻璃碗中倒入隔热水融化的无盐黄油，快速搅拌均匀，制成松饼面糊。

5 平底锅中刷上少许橄榄油，用中火加热，往平底锅中舀入适量面糊，煎至一面成形，翻一面，继续煎至成形。

6 盛出切块后装入盘中，按照相同方法完成剩余面糊，佐以草莓酱即可。

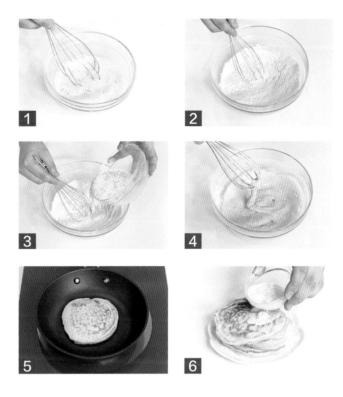

制作小贴士

没有花生糊的话，也可以用花生酱代替。